건강한 생활을 위한

생활약선요리

황은경 · 장보랑 공저

Korean Food Therapy

약 식 동 원 은 음 식 과 약 이 같 은 근 원 임 을 뜻 한 다

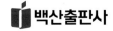 백산출판사

음식은 인류 문명과 함께 발달되어 왔고 인류의 가장 중요한 건강 비결이다. 인간의 식생활은 시간의 흐름에 따라 변화하는데 일반적으로 식생활은 문화가 진보할수록 급격하게 변화한다.

약선의 '약' 자와 '선' 자는 신석기시대와 청동기시대의 유물에서 각각 따로 발견되었고, 원시시대에는 생존과 번식을 위해 대자연과 투쟁하면서 식품자원문제를 해결했을 뿐 아니라 발전과정 중에 약물을 발견하고 건강을 유지하고 질병을 해결하는 지식을 습득하였을 것으로 추정되며 이 시기에는 약물과 식물의 구별이 없었기 때문에 약식동원의 설이 나왔다고 한다. 따라서 동원은 생물의 근원이 같다는 뜻이므로 약식동원은 음식과 약이 같은 근원임을 뜻한다.

이 책은 약선음식의 기초적인 이론을 바탕으로 하여 일반인들이 쉽게 접할 수 있는 간단한 생활약선요리로 이론편과 실기편으로 구성하였다. 또한 실기편에는 각 음식의 이해를 돕기 위하여 음식의 성미귀경과 간단한 효능에 대한 세부설명을 곁들여 기초지식을 익힐 수 있도록 하였다.

이 책을 통하여 건강을 지향하는 많은 분들이 음식과 약이 같은 근원이 되어 건강한 생활을 유지하는 데 도움이 되기 바란다.

끝으로 출판을 도와주신 백산출판사의 진욱상 사장님과 진성원 상무님, 김호철 편집부장님, 이경희 부장님과 여러 관계자분께 깊은 감사의 뜻을 전합니다.

2015년 여름
저자 황은경

Contents

生活藥膳

1장

약선 입문

1. 약선의 개념

① 사전적 의미 : 질병이나 상처 따위를 고치거나 예방하기 위해 쓰이는 귀한 음식.

② 광의 : 질병이 발생하지 않도록 건강을 유지하고 증진시켜 질병을 예방하고, 질병이 발생한 경우, 질병의 치료를 돕고 건강의 회복을 돕는 목적을 위해 사용되는 일체의 음식을 포괄하는 개념.

③ 협의 : 광의의 약선 중 한의학이론에 근거하여 음용 또는 식용되는 음식.

2. 약선의 특징

① 정체관 : 모든 것은 유기적으로 연계된 하나의 통일체이다.

② 음양의 조화와 균형을 중시한다.

③ 식약동원관 : 음식은 약과 그 뿌리가 같다.

④ 변증용선, 변증시선 : 약선은 개인별 맞춤식이다.

⑤ 위의 건강한 소화기능은 효과적인 약선 이용을 위한 전제조건이다.

⑥ 약식의기 : 음식도 궁합이 중요하다.

약선의 개념표

구분	약(藥)	선(膳)
개념	기(氣)	미(味)
성질	질병치료	질병예방, 영양공급, 풍미 제공, 식양(食養)
작용	치료	건장유지작용
부작용	과용, 오용, 남용에 따른 조직손상	상대적으로 부작용 미약
작용기간	단기복용(短期服用)	장기상식(長期常食)
약선(藥膳)		
약과 선의 개념, 성질, 작용, 부작용, 작용기간에 따른 장단점을 통합적으로 보완하여 조리제조한 건식(健食)		

3. 약선의 성상에 따른 분류

약선을 조리, 제조한 방식에 근거하여 분류한 것이다.

(1) 음료류

- 생즙(生汁)

수분이 많은 과일이나 근경류 및 엽채류를 분쇄, 압착한 것을 말한다. 생과일주스나 채소즙이 여기에 속한다.

- 차음(茶飮)

재료를 분쇄, 가공하여 뜨거운 물에 우려내거나 따뜻한 물에 담가 마시는 음료의 형태로 녹차가 대표적이다.

- 탕액(湯液)

가장 오래되고 광범위하게 활용되는 제형(劑型), 약재(藥材)나 식재(食材)를 달여 만든 액체로 체내 흡수가 빨라 병세의 경중(輕重)이나 완급(緩急)에 구애없이 광범위하게 쓰인다.

- 과립제(顆粒劑)

약재(藥材)나 식재(食材) 등을 달여 농축시킨 후 설탕이나 알맞은 부형제(賦形劑)를 넣고 건조시켜 과립형태로 만들었다가 뜨거운 물 등에 타서 먹는 것이다.

- 약주(藥酒)

  곡물이나 과실을 발효시켜 얻은 발효주와 재료를 술에 침지시킨 침출주로 나눌 수 있다.

- 약로(藥露)

  방향성(芳香性)이 강한 약재(藥材)나 식재(食材)를 증류해 얻은 방향성 정유성분의 수용액이다. 원대(元代)부터 이 제형(劑形)이 대량으로 나타나기 시작했고 청대(淸代)의 《본초강목습유(本草綱目拾遺)》에는 매괴로(玫瑰露), 말리화로(茉莉花露) 등 10여 종의 음로(飮露)가 기재되어 있다.

- 밀고(蜜膏)

  약재(藥材)와 식재(食材)를 달여 농축한 후 설탕이나 꿀 등을 넣어 만든 반유동체의 고(膏)이다. 자보(滋補), 윤조(潤燥) 등의 효능이 있어 오랜 병으로 허약해진 사람이 장기간 복용하기 적합하게 만들어진 제형이다.

(2) 주식류

- 죽(粥)

  곡물에 충분한 물을 붓고 오랫동안 끓여 묽게 만든 유동식 음식을 말한다. 소화가 용이하고 다양한 재료를 활용할 수 있어 약선에서 가장 많이 활용되는 대표적인 제형의 하나이다.

- 밥(飯)

  쌀에 물을 붓고 끓여 죽보다는 되게 만든 음식을 말한다. 약재 달인 물을 이용하거나 다양한 재료를 첨가해 활용할 수 있다.

- 국수(麵)

  밀가루를 비롯한 곡류의 분말에 물을 붓고 반죽하여 길고 가는 형태로 가공한 후 물에 삶아 끓여 먹거나 비벼 먹는 음식을 말한다. 약재를 함께 제분하여 섞거나 반죽에 쓰는 물, 육수, 고명으로 쓰이는 재료를 이용하는 등으로 활용할 수 있다.

- 만두(餃, 包子)

밀가루 등을 반죽해 만든 껍질 안에 콩류, 채소류, 육류 등의 속재료를 넣고 싸서 찌거나 굽거나 삶아 먹는 것을 말한다. 약재분말을 이용해 반죽하거나 속재료를 다양하게 활용할 수 있다.

(3) 반찬류

- 찜(烝)

육류, 어패류 등 주로 동물성 식품을 주재료로 하고, 채소 및 버섯 등을 부재료로 하여 갖은 양념을 하여 물을 넣고 푹 익혀 재료의 맛이 충분히 우러나고 국물이 남아 있게 만든다. 약재를 달여서 약물로 넣거나 약재분말을 넣어 만들 수 있다.

- 볶음(炒)

육류, 어패류, 채소류, 해조류, 버섯류 등의 다양한 재료를 기름에 볶는 것으로 물기 없이 단시간에 조리한다.

- 무침(拌)

채소류, 버섯류, 육류 등의 재료를 간장, 소금, 고추장, 초고추장 양념으로 무치는 조리로 한국음식에서 가장 기본적이고 대중적인 찬류이다.

- 구이(烤)

수조육류, 어패류, 채소류에 소금 간을 하거나 간장, 고추장으로 양념하여 불에 구운 음식으로 직접 불이 닿게 굽는 직접구이와 번철을 이용한 간접구이가 있다.

- 절임(腌)

어패류, 채소 및 과실류 등의 식품재료를 주원료로 하여 소금, 식초, 당류, 장류 등에 절인 후 장기간 저장할 수 있는 음식으로 그대로 또는 다른 부재료를 넣고 양념하여 무쳐 먹을 수 있다.

(4) 국류

- 맑은장국

  양지머리와 사태를 덩어리째 넣고 끓여 만든 육수에 수조육류, 어패류, 채소류 등의 건
  더기를 넣어 소금과 청장으로 간을 맞춘 국이다.

- 토장국

  쌀뜨물에 된장을 푼 뒤 간을 맞추어 끓인 국이며, 고추장이나 고춧가루를 넣어 매운맛
  을 낸다.

- 곰국

  소고기나 내장, 뼈를 오랫동안 푹 고아서 진한 국물이 우러나도록 끓이고, 먹을 때 간을
  맞추는 국이다.

- 냉국

  냉수에 수조육류나 채소를 건더기로 하여 새콤한 맛이 나도록 시원하게 만든 여름철 국
  이다.

(5) 후식류

- 떡

  곡식을 가루로 만들어 찌거나, 여러 가지 방법으로 익혀낸 것으로 만드는 방법이 다양
  하고 쌀가루에 다양한 부재료로 과실류, 견과류, 두류, 약재 등을 배합하여 만들 수 있
  어 색, 향, 맛, 모양뿐 아니라 효능 등의 기능성을 더할 수 있다.

- 정과

  식물의 뿌리나 줄기, 열매를 꿀이나 물엿 등의 당류로 조려서 수분을 없애고 쫄깃쫄깃
  하고 달콤한 맛이 나게 만든다.

4. 약선의 기본 조리방법

1) 약재 달이기(전탕)

한약재의 전탕방법은 처방만큼이나 중요한 요소로서 약재의 효능이 충분히 발휘될 수 있는 전제조건이 된다.

(1) 달이는 용기

옛날에는 은기를 최고로 하였으나 기본적으로 옹기, 도기, 유리 등의 용기를 사용하는 것이 좋다. 철, 동, 주석 등은 권장하지 않았는데, 특히 철기의 경우 침전이 발생하여 용해도가 떨어지고, 화학반응 등에 의한 성분변화가 효능에 부정적인 영향을 줄 수 있으므로 사용하지 않는 것이 좋다.

(2) 물

고대의 의가들은 장류수(먼 곳에서부터 흘러오는 강물), 천수(샘물), 감란수(폭포수 등과 같이 휘저어 거품이 있는 물), 미감수(쌀뜨물), 주수(술) 등을 사용하였으나 지금은 청결한 물을 쓰면 된다. 수돗물이나 우물물, 증류수 등이 사용되는데 최근에는 정수된 물을 사용하는 경우가 많다.

(3) 물의 양

약재와 음식재료의 종류에 따라 물의 양과 끓이는 시간이 다를 수 있지만 보통 물의 양은 음식재료가 잠기고 3~5cm 정도 올라오게 붓는다. 약재 30g에 물 1대접(200~300cc)을 사용하는 것이 보통이나 약재의 경우 대부분 건재를 쓰기 때문에 어느 부위를 쓰느냐에 따라 물의 양이 많이 달라지므로 부피에 따라 물의 양을 달리하는 것이 합리적일 수 있다. 나무껍질이나 가지처럼 섬유질이 많은 부위 혹은 작은 종자류 등과 같은 경우 물을 많이 필요로 하지는 않으나 전분이 많은 열매나 뿌리 등은 많은 양의 물을 필요로 하므로 주의해야 한다.

(4) 전처리

약을 끓일 때에는 우선 약재성분이 잘 우러나도록 얇게 또는 잘게 썰어야 하며 마른 약재나 식재료는 찬물에 30분~2시간 정도 담가 불려서 쓴다. 물에 너무 오래 불리면 약성분이 모두 우러나므로 불리기 전에 약재를 깨끗이 씻어서 불리고, 불리고 난 뒤에는 그 물을 그대로 조리용으로 다시 사용해야 약효성분의 유실을 방지할 수 있다.

(5) 불의 세기

불의 세기는 불꽃의 고저(高低)와 불빛의 명암(明暗), 복사열과 강약 등을 고려해 대개 센 불, 중간불, 약한 불로 나눈다.

센 불은 불꽃이 높고 안정적이며 황백색을 띠고, 불빛이 밝으며 열기가 매우 센 불을 말한다.

중간불은 불꽃이 낮고 요동치며 붉은색을 띤다. 불빛은 비교적 어두운 편이나 열기는 비교적 강하다.

약한 불은 불꽃이 매우 작아 일었다 죽었다 하고 청록색을 띤다. 불빛은 비교적 어두우며 열기도 세지 않다.

약재를 달일 때는 대개 센 불로 달이다 끓어오르면 불을 줄여 중간불과 약한 불로 달이게 된다.

(6) 끓이는 시간

일반적으로 기미가 무겁고 진한 보약류는 약한 불에서 달이되 끓기 시작하여 1~2시간 동안 오래 달이고, 일반 약은 좀 센 불에서 끓이기 시작하여 30분~1시간 정도 달인다. 기미가 방향(芳香)하여 쉽게 휘발되는 박하나 국화 같은 잎 종류와 꽃 종류 및 발한시키는 약은 끓기 시작하여 15~30분 정도 짧게 끓인다. 패각류나 광물성 약재는 다른 약들보다 먼저 달이다 다른 약재를 넣고, 화엽류와 사인, 백두구같이 방향성 있는 약재들은 마지막에 넣고 잠깐만 달이기도 한다.

2) 곡류의 조리

(1) 죽

약이라는 측면과 음식이라는 측면을 모두 가지고 있는 약죽은 질병에 대한 예방치료 효과를 충분히 살리면서도 누구나 먹기 좋게 만들어야 한다. 약죽 만드는 법은 사용하는 약재와 식품의 성질 및 특성에 따라 다음의 4가지로 나눌 수 있다.

- 한약재와 쌀을 함께 끓인다. 원래 상태대로 먹을 수 있는 한약재를 사용하는 약죽은 대부분 이 방법으로 만든다. 예를 들면 용안육, 상심(오디), 산약, 의이인, 백자인 등을 이용한 경우이다.
- 한약재를 가루로 만들어 쌀과 함께 끓인다. '천화분죽(하눌타리 뿌리로 만든 죽)', '오수유죽', '초면죽(산초와 밀가루죽)' 등의 예가 있다.
- 한약재를 달인 물에 쌀을 끓인다. 가장 널리 쓰이는 방법으로 섬유질이 많거나 질감이 딱딱하여 소화에 어려움이 있는 약재의 경우 원래 상태로 먹기 어려우므로 약물로 만든 다음 이를 죽에 이용한다. '보허정기죽(원기가 나게 하는 죽)', '발한시죽(발한을 촉진하는 담두시죽)', '삼령죽(인삼과 복령죽)' 등은 이 방법으로 만든다.
- 재료 끓인 국물로 쌀을 끓인다. 집오리, 돼지족발, 잉어 등을 재료로 사용할 때 흔히 쓰이는 방법이다. 육류 중에서 살코기 외에 뼈가 있거나 결합조직이 많아 질긴 부위는 유효성분을 추출하는 데 오랜 시간이 걸리기 때문에 미리 재료를 푹 고아낸 다음 이 국물로 죽을 끓여야 한다.

(2) 밥

약선 밥은 죽과 마찬가지로 사용하는 식재료와 약재료의 성질 및 특징에 따라 약재와 쌀을 함께 넣고 짓는 방법과 약재 달인 물을 넣고 밥을 짓는 방법으로 나눌 수 있다. 수분량을 충분히 하여 푹 퍼지도록 끓이는 죽과 달리 밥은 쌀의 종류와 함께 사용하는 약재 등의 성질에 따라 전처리와 물의 양이 달라야 하므로 주의해야 한다. 잘 된 밥은 쌀알이 잘 퍼져 속심이 없고, 쌀의 외부에 물기가 없으면서 밥알이 부슬부슬 흩어지지 않아야 한다.

- 쌀 씻기와 불리기

쌀을 씻는 동안 물은 약 10% 흡수되며, 이때 불순물이 함께 스며들고 티아민 손실이 우려되기 때문에 재빨리 씻어야 한다. 쌀을 물에 담가 불리면 물의 온도에 따라 물이 흡수되는 속도와 양이 다르나 2시간 경과 시 30%의 물을 흡수하므로 평상시에는 냉수에 2시간 불리면 되고, 급할 때는 물 온도를 높여서 30분간 불린다. 현미나 잡곡, 종실류인 약재를 함께 사용할 때는 미리 불려서 쌀과 익는 속도를 맞추어야 한다.

- 물의 양

물의 양은 쌀의 종류와 사용하는 약재의 종류에 따라 달라진다. 현미는 일반미에 비하여 물의 양이 많아야 하고, 건조상태에 따라서도 묵은쌀로 밥을 지을 때 햅쌀보다 물을 더 넣어야 한다. 잡곡이나 종실류, 과일류, 근채류 등 수분함량이 쌀보다 많은 재료들과 함께 밥을 지을 경우 물의 양은 쌀의 0.7~1배 정도로 다소 적게 잡는다. 죽과 마찬가지로 섬유질이 많거나 단단하여 소화가 어려운 약재나 식감이 좋지 않은 약재를 사용할 경우에는 약재를 달여 그 약물을 밥물로 잡아 사용한다. 가열하는 동안 증발되는 물의 양은 쌀의 양과 상관이 없으므로 쌀의 양이 적을 때에는 상대적으로 많은 양의 물이 필요하다.

- 가열방법

처음에는 센 불로 가열하여 물이 끓기 시작하면 용기 안의 쌀 온도가 균일하게 되도록 10분간 끓이고, 물을 많이 흡수하여 팽윤되도록 하기 위해 계속 끓도록 중간불로 조절하여 5~10분간 끓인다. 외부의 수분이 쌀 속으로 스며들어가 쌀알의 중심부까지 호화되도록 약한 불로 줄여 10~15분간 뜸 들이기를 한다.

- 찹쌀밥

찹쌀은 아밀로펙틴이 100%이므로 팽윤도 쉽고, 점성도 강해 멥쌀보다 노화가 느리다.

멥쌀보다 흡수성이 커서 2시간 정도 물에 담가두면 수분을 40% 정도 흡수하게 되는데, 맛있는 찹쌀밥을 짓기 위해서는 찹쌀이 호화하는 데 필요한 물의 양이 찹쌀 부피의 0.9배이므로 찹쌀 낱알이 물 위로 올라오게 된다. 그러므로 물에 잠기지 않고 위로 올라와 있는 찹쌀은 수분흡수가 어려워 호화가 어렵고, 물에 잠긴 부분은 수분흡수가 지나쳐 진밥이 된다. 그러므로 수분흡수를 고르게 하려면 찌는 것이 좋다. 뿐만 아니라 찹쌀에 흡수된 물과 수증기만으로는 찹쌀전분의 완전 호화가 어려우므로 찌는 도중에 물을 2~3회 정도 뿌려주는 것이 좋다.

(3) 떡

떡을 만들기 위해서는 쌀가루의 입자를 부드럽게 하는 것이 중요한데 이를 위해서는 쌀을 8~12시간 정도 충분히 수침하여 분쇄해야 한다. 약재를 사용할 경우에도 마찬가지로 충분히 불린 후에 분쇄하도록 한다. 그리고 쌀전분이 부드럽게 호화되기 위해서는 수분함량이 약 50% 필요한데 보통 쌀가루의 수분함량이 약 30%이므로 별도로 쌀가루에 수분을 첨가하여 떡을 만들어야 한다. 만약 수분을 넣어주지 않으면 마른 채 익으므로 재가열해도 익지 않는 딱딱한 떡이 되어 먹을 수 없게 된다. 이때의 수분은 죽이나 밥과 마찬가지로 약재 달인 물을 사용할 수도 있다.

경단이나 송편과 같은 떡을 만들 때 떡반죽은 익반죽을 해야 한다. 왜냐하면 쌀단백질은 물로 반죽했을 때 밀단백질처럼 끈기가 생기지 않기 때문이다. 따라서 끈기 있는 반죽을 만들기 위해서는 끓는 물로 익반죽하여 쌀전분의 호화를 일으켜 끈기가 생기도록 해야 한다.

또한 경단반죽을 할 때 반죽 횟수가 많을수록 공기혼입으로 탄성이 부드러워지고, 입에서 씹는 질감이 좋아지며, 백색도가 증가하게 된다. 이는 반죽을 하는 동안 경단 속으로 미세한 공기입자가 흡입되어 반죽이 균일한 망상구조가 되기 때문이다.

그 밖에 떡반죽을 할 때 설탕을 첨가하면 설탕의 친수성으로 인하여 장시간의 노화를 지연시켜 잘 굳지 않고 쫀득한 질감의 떡을 만들 수 있다.

(4) 만두피

찌는 만두의 만두피는 익반죽을 해야 한다. 찌는 만두는 밀가루반죽이 증기에 의해 호화되기에는 수분함량이 너무 적기 때문에 미리 뜨거운 물로 일부를 호화시키고 반죽 내의 수분보유량을 높임으로써 부드러운 만두피를 만들 수 있다.

삶는 만두(물만두)의 만두피는 끓는 물에서 충분히 수분이 공급되어 호화되므로 찬물로 반죽한다.

3) 육류의 조리

(1) 장조림

장조림에 적합한 부위는 지방과 결합조직이 적으며 근섬유 다발이 커서 세로결로 잘 찢어질 수 있는 대접살, 우둔, 홍두깨, 사태 등이 있다. 고기는 큼지막하게 토막내어 찬물을 붓고 삶아 어느 정도 익은 후 간장을 넣어 약한 불에 조린다. 연한 설탕물에 넣고 끓이면 더욱 연하게 끓일 수 있다. 처음부터 간장을 넣어 조리면 삼투현상으로 고기의 육즙이 빠져나와 질겨지고 맛이 없게 된다.

(2) 편육

편육은 고기의 구수한 맛이 고기에 배게 하기 위해 끓는 물에 고기를 덩어리째 넣고 불의 세기를 줄인 후에 삶아야 고기 추출물의 유실을 막을 수 있다. 누린내를 제거하기 위해 생강 등을 넣을 때에는 생강의 프로테아제에 의해 표면 단백질이 분해되어 결이 지저분해질 수 있으므로 고기의 표면이 어느 정도 익어 단백질이 응고된 뒤에 넣는다.

3시간 이상 충분히 삶아야 콜라겐의 젤라틴화가 완전히 일어난다. 고기가 다 익은 후에 바로 썰면 고기즙의 유출로 편육이 건조해져 부스러지기 쉬우므로 반드시 식은 후에 썰어야 한다. 액체상태의 젤라틴은 식으면 묵과 같은 형태로 굳으므로 수육을 만들 때에는 뜨거운 상태에서 면포로 감싸 실로 묶어두면 고기가 흩어지지 않고 일정한 모양을 유지할 수 있다.

(3) 고깃국

고깃국은 국물에 맛성분들이 많이 추출되어야 하므로 고기를 찬물에 넣고 끓이기 시작하여 끓으면 불의 세기를 줄여 콜라겐이 젤라틴화될 때까지 충분히 끓인다. 적합한 부위는 아미노산, 유기산, 핵산 같은 맛성분이 많이 들어있는 운동량이 많은 부위인 양지머리나 사태가 좋다.

(4) 뼛국

사골과 같은 뼛국은 넉넉한 물에 사골(뼈)을 넣고 끓이는데, 뽀얀 국물을 만들기 위해서는 뚜껑을 닫고 끓여야 한다. 뚜껑을 닫고 끓이다 보면 국물 속에 들어 있는 작은 분자의 지방구가 휘발하다가 뚜껑에 맺혀 다시 국물 속에 떨어지면서 육수 안에서 더 작은 입자로 분해되어 인지질이 분산된 상태의 유화액이 만들어져 뽀얀 국물이 만들어진다.

(5) 찜

찜은 결합조직이 많은 갈비, 사태, 대접살, 목, 양지, 꼬리 등의 질긴 부위를 이용한다. 우선 고기에 간을 하지 않고 소량의 액체를 넣어 뚜껑을 닫고 푹 익혀야 부드럽게 먹을 수 있다. 그 다음 각종 양념을 넣어 간을 하고 채소를 넣고 다시 끓여 맛이 배게 한다.

(6) 수프

서양음식에서 수프를 만들기 위해서는 우선 수프 스톡, 즉 육수를 만들어야 한다. 이 육수는 목, 장정육, 사태, 꼬리, 다리, 양지 등과 같은 질긴 고기와 뼈를 이용하여 고기나 뼈의 핏물을 빼고 찬물부터 끓이기 시작한다. 2~3시간 끓인 다음 양파, 셀러리, 파, 당근 등 각종 채소와 월계수잎, 정향, 후추 등의 향신료를 넣고 2시간가량 끓인 다음 여과하여 수프 스톡을 만든다. 이렇게 만든 수프 스톡을 기본으로 하여 각종 수프를 만들 수 있다.

4) 어패류의 조리

(1) 전처리

- 어류

어류의 비린내는 표피부분에서 많이 나며 주원인은 트리메틸아민(TMA)과 피페리딘에 의한 것으로 수용성이므로 흐르는 물에 씻으면 제거된다. 물로 씻는 어취의 제거방법 외에 식초나 과즙을 뿌리거나 콜로이드 흡착성이 있는 된장, 고추장, 우유와 같은 재료를 이용할 수도 있고, 황화합물을 함유한 파, 마늘, 양파를 이용하여 비린내를 약화시킬 수도 있다.

그 밖에 술과 같이 알코올의 휘발성을 이용하거나 강한 향과 풍미를 지닌 생강, 후추, 고추, 파슬리, 고추냉이, 미나리, 깻잎 등의 채소를 이용하여 비린내를 감소시킬 수 있다. 세척 후에는 물기를 제거하고 용도에 따라 자른 뒤 다시 씻지 않고 조리한다. 왜냐하면 수용성의 단백질이나 이노신산(inosinic acid) 같은 맛성분이 유실되기 때문이다.

- 조개

조개는 껍데기를 깨끗이 씻은 다음 스스로 해감하게 해야 한다. 해감 시 소금물의 농도는 바닷물 염도(3~4%)보다 반드시 낮아야 하며 1~2시간 정도 주위를 어둡게 하고 담가 두면 입을 벌리고 자연스럽게 흙이나 모래가 나오게 된다. 소금물 농도가 바닷물 농도보다 높아지면 조개가 탈수되어 질기고 맛이 없어진다. 해감을 하면 조개가 세포 안팎의 삼투압을 조절하기 위해 세포 내의 아미노산을 증가시키므로 맛이 좋아진다. 굴은 옅은 소금물에 가볍게 씻으면서 껍데기를 제거하고 무즙을 약간 넣었다가 씻으면 검은 점액이 깨끗하게 제거된다. 민물조개인 재첩은 맹물에 해감한다.

- 연체류와 갑각류

새우는 내장이 등쪽에 있으므로 등쪽 두 번째 마디 사이로 꼬치를 넣어 내장을 제거한다. 익었을 때 동그랗게 수축되는데 이를 방지하려면 배 쪽에 잔칼집을 넣거나 꼬챙이를 길이로 끼우면 된다.

오징어는 무색투명할수록 신선한 것이며, 껍질의 색소포가 터져 전체가 붉은색이 되면 신선도가 떨어진다. 오징어 근육은 직경 5㎛의 가는 근섬유가 가로방향으로 평행하게 발달되어 있어 말린 오징어가 옆으로 잘 찢어진다. 오징어 조리 시 모양이 줄어들지 않게 하기 위해서는 가열했을 때 수축의 방향이 껍질과 근육이 직각이므로 껍질을 벗긴 오징어 안쪽에 두께의 반 정도까지 칼집을 넣으면 된다. 오징어를 솔방울 모양으로 완전히 둥글게 하려면 오징어의 안쪽에 칼집을 넣고, 약간 둥글게 하려면 껍질에 군데군데 칼집을 넣는다.

(2) 조림

생선은 가열하면 살이 단단해지고 무게가 감소하는데 이는 생선의 구조 단백질이 가열에 의해 응고되고 수축하기 때문이다. 생선살이 가열에 의해 단단해지는 정도는 생선의 종류에 따라 다르므로 흰살 생선과 붉은살 생선은 조리법이 약간 다르다.

조림은 처음부터 양념을 넣어야 재료의 맛이 용출되고 형태를 유지할 수 있다. 흰살 생선은 살이 부드럽고 담백하므로 최소한의 열을 가하여 생선 자체의 맛을 살려야 한다. 너무 오래 끓이면 생선살이 단단해지고 비린내가 나며 맛이 저하될 수 있다. 그래서 양념국물이 끓기 시작할 때 생선을 넣고 양념국물의 양이 처음의 1/2 정도 되었을 때 불을 꺼야 한다.

붉은살 생선은 살이 비교적 단단하고 흰살 생선보다 비린내가 강하므로 양념이 깊이 스며들 수 있도록 처음에는 간을 약하게 하여 생선살의 중심부까지 열이 전달되도록 비교적 오래 조리는 것이 좋다.

(3) 구이

구이는 생선 자체의 맛을 살리는 조리법으로 생선을 구우면 수분은 비린내 성분과 함께 증발하고 단백질은 응고하며 지방은 용해된다. 지방함량이 높은 생선에 더욱 적합하며 조미하는 방법에 따라 소금구이와 양념구이로 나눌 수 있다.

- 소금구이는 작은 생선은 통으로 굽고, 큰 생선은 도막을 내어 굽기 전에 소금에 짜지 않게 절이고 구울 때 소금을 뿌려 굽는다.
- 양념구이는 양념장에 20~30분간 담갔다가 맛이 들게 한 다음 굽거나 생선을 어느 정도 구운 뒤 양념장을 발라가며 굽는다.

(4) 찌개

생선찌개는 비린내가 나지 않고 살이 단단한 대구, 우럭, 생태, 병어, 민어, 조기 등의 흰살 생선이 많이 이용된다. 찌개에 넣기 전 신선한 생선을 손질하여 소금을 조금 뿌려두면 살이 단단해지고 간이 잘 배어 맛이 좋다. 생선찌개를 끓일 때는 반드시 국물이 끓을 때 생선을 넣고 약 5~10분간 더 끓여야 국물이 맑게 된다. 그러나 너무 오래 끓이면 생선살이 풀어지므로 주의한다.

(5) 튀김

생선튀김의 경우 지방함량이 높은 생선을 튀기면 기름이 생선에 스며들어 기름기가 너무 많게 되고 튀기는 과정에서 생선기름이 나와 기름의 질을 떨어뜨린다. 그러므로 지방함량이 적은 흰살 생선이 적합하다.

(6) 전유어

생선전유어는 대구, 동태, 민어, 광어 등의 흰살 생선이 적합하다. 새우와 패주는 잔 칼집을 넣어야 심하게 수축되는 것을 방지할 수 있고, 굴은 소금물에 씻어 건진 뒤 물기를 없앤다. 특히 생선전을 할 때 생선의 소금간은 전 부치기 직전에 해야 한다. 소금간을 해놓고 전 부치는 시간이 길어지거나, 밀가루를 묻힌 다음 바로 전을 부치지 않으면 삼투압 현상에 의해 생선에서 육즙이 흘러나와 생선전의 질감이 건조해지고, 가루멍울이 생겨

전을 부칠 때타거나 지저분하게 된다. 그러므로 반드시 전 부치기 직전에 생선에 밑간을 하고 밀가루를 얇게 묻혀 달걀 푼 것에 즉시 담갔다가 달구어 놓은 번철에 기름을 두르고 지져야 한다.

2장
약선재료의 약성이론

1. 사기(四氣)

- 사성(四性)이라고도 함.
- 한(寒) · 열(熱) · 온(溫) · 양(凉)의 네 가지 약성(藥性).
- 약재(藥材)와 식재(食材)가 가지고 있는 내재적인 성질이며 기능의 총체적 개괄.
- 온열은 양의 성질을 나타내고, 한량은 음의 성질을 나타낸다. 또한 열성과 한성은 그 작용이 강하고, 온성과 양성은 작용이 완만하고 서서히 나타난다.

- 大寒-寒-凉-平-溫-熱-大熱

  (대한-한-양-평-온-열-대열)
- "以熱治寒, 以寒治熱" "寒者熱之, 熱者寒之"

  (더운 것으로 한증을 치료하고, 차가운 것으로 열증을 치료한다.)

사기의 작용

분류	적용	작용		주의
한(寒) 양(凉)	열증(熱證) 양증(陽證)	청열사화(淸熱瀉火) 양혈(凉血) 해독(解毒) 자음(滋陰) 강화(降火)	산소 소모량 감소 음수량 감소 중추신경계 억제 등 해열, 진정, 소염 등	손중(損中), 상양(傷陽) 등의 부작용을 가지고 있으므로 한증(寒證), 음증(陰證)에는 신용(愼用) 혹은 금용(禁用)
온(溫) 열(熱)	한증(寒證) 음증(陰證)	거풍산한(祛風散寒) 선산(宣散) 제습(除濕) 온통기혈(溫通氣血) 조양익화(助陽益火) 회양(回陽)	산소 소모량 증가 대사 촉진 음수량 증가 중추신경계 흥분	기혈(氣血)과 진액(津液)을 손상시키기 쉽고, 심한 경우 동화생열(動火生熱)하는 부작용이 있으므로 열증(熱證), 양증(陽證)에는 신용(愼用) 혹은 금용(禁用)

식품의 사기(四氣) 분류표

	온(溫)·열성(熱性)	한(寒)·양성(凉性)	평성(平性)
곡류	찹쌀, 수수	밀, 보리, 메밀, 좁쌀, 율무	멥쌀, 옥수수, 고구마, 마
두류	작두콩	팥, 녹두, 두부	황대두, 흑대두, 까치콩, 완두 누에콩, 동부
채소류	고추, 부추, 갓, 고수, 순무, 양파, 파	동과, 수세미, 오이, 애호박, 여주, 토마토 가지, 무, 연근, 셀러리, 미나리, 상추, 쑥갓 근대, 아욱, 죽순, 냉이, 구기엽, 고사리	호박, 당근, 배추, 양배추, 유채 시금치
식용균류	–	–	양송이, 표고버섯, 노루궁뎅이버섯 목이, 백목이
과일류	대추, 밤, 검은깨, 석류, 산사 앵두, 용안육, 여지, 호도인 잣	배, 생 감, 천도복숭아, 비파, 무화과, 사과 바나나, 딸기, 파인애플, 레몬, 오디, 망고 참외, 수박, 키위, 유자	매실, 귤, 홍시, 포도, 올리브, 백도 황도, 살구, 땅콩, 은행, 연자육, 검실
가금류 육류 내단류	닭고기, 오골계, 참새고기 소고기, 개고기, 양고기, 양유 사슴고기	돼지고기, 토끼고기, 우유, 오리알	오리고기, 거위고기, 달걀, 메추리 메추리알
수산물류	새우, 드렁허리, 조기, 갈치 미꾸라지, 붕어	굴, 가물치, 해파리, 다시마, 김	해삼, 오징어, 잉어, 게, 문합 미역, 자라고기
조미료 (양념)류	마늘, 생강, 후추, 화초, 회향 계피, 흑설탕, 식초, 술	참기름, 간장	꿀, 흰설탕, 유채기름

2. 오미(五味)

1) 신미(辛味) - 매운맛

- 작용: 발산(發散), 행기(行氣), 활혈(活血), 신윤(辛潤) 등 발한(發汗), 해열(解熱) 작용 및 관상동맥의 확장이나 관상동맥 혈류증가 효과.
- 적응증: 외감표증(外感表證), 기체혈어(氣滯血瘀), 진액(津液)의 운행.
- 주요 성분: 캅사이신(capsaicin), 차비신(chavicine), 진저롤(gingerol), 알리신(allicin) 등과 같이 휘발성 혹은 비휘발성 정유성분.
- 주의: 신산조열(辛散燥熱)한 특성으로 인해 기음(氣陰)의 손상(損傷)을 일으키기 쉬우므로 기허(氣虛), 음진휴허(陰津虧虛), 표허다한(表虛多汗) 등의 증(證)에는 신용(愼用)하거나 금용(禁用)한다.

2) 감미(甘味) - 단맛

- 작용: 보익(補益), 화중(和中), 완급지통(緩急止痛), 윤조(潤燥) 등에 중요한 에너지원.
- 적응증: 허증(虛證), 완복(脘腹)이나 사지(四肢)의 구급작통(拘急作痛), 처방 중에서 조화제약(調和諸藥), 독성(毒性) 완화.
- 주요 성분: 당류 외에 당알코올, 일부 아미노산, 방향족 화합물, 알데히드 등 단맛 - 대개 유기물질에 있는 하이드록시기(-OH)에 의한 것.
- 주의: 감미(甘味)는 조습(助濕)하기 쉬우므로 비허습체(脾虛濕滯)의 경우에는 신용(愼用)하거나 금용(禁用)한다. 비만한 사람, 여름철 등에 습사를 유발하기 쉬우니 신용한다.

3) 산미(酸味) - 신맛

- 작용: 염한(斂汗), 염기(斂氣), 지사(止瀉), 섭정(攝精), 축뇨(縮尿), 지대(止帶), 지혈(止血) 등 - 수렴작용. 땀샘과 소화관 및 비뇨생식기 평활근의 활동 조절, 조직 내 단백질을 침전, 응고시켜 점막이나 상처면을 보호, 이를 통해 지사(止瀉), 지혈(止血).

- 적응증: 정허무사(正虛無邪) 상태의 활탈불금(滑脫不禁)으로 인한 여러 증상, 위음부족(胃陰不足)으로 인한 구갈(口渴), 식소(食少), 진액(津液)의 손상으로 인한 근맥구련(筋脈拘攣), 굴신불리(屈伸不利) 등의 증상 완화.

- 주요 성분: 유기산 성분. 신맛은 주로 약재(藥材)나 식재(食材)에 존재하는 수소이온(H^+)에 의해 감지되는 맛.

- 주의: 수렴작용으로 인해 염사(斂邪)하기 쉬우므로 실사(實邪)가 있는 경우에는 신용(愼用)하거나 금용(禁用)한다.

4) 고미(苦味) - 쓴맛

- 작용: 청열(淸熱), 설강(泄降), 조습(燥濕), 견음(堅陰 ; 열을 내려서 음을 보한다는 뜻), 건위(健胃)작용을 하고, 설강(泄降) - 통설(通泄), 강설(降泄), 청설(淸泄)의 세 가지 의미가 있다. - 열증에 많이 쓴다.

- 적응증: 열결변비(熱結便秘 - 通泄), 기역천해(氣逆喘咳 - 降泄), 열성심번(熱盛心煩 - 淸泄), 습증(濕證)에 사용

- 주요 성분: 주로 알카로이드(alkaloids)나 배당체(glycoside, saponin) 성분

- 주의: 일반적으로 음진부족(陰津不足)에는 신용(愼用)하거나 금용(禁用)한다.

※ 고미는 강설(배출)하는 성향이 있어서 음진의 소모가 크다.

5) 함미(鹹味) - 짠맛

- 작용: 연견(軟堅), 윤조(潤燥), 보신(補腎), 양혈(養血), 자음(滋陰-신음을 보한다).

- 적응증: 대변조결(大便燥結), 나력(瘰癧)과 담핵(痰核), 간신(肝腎)의 정혈부족(肝腎精

血不足) - 뭉친 것을 풀어주는 작용.

- 주요 성분: 짠맛을 나타내는 것은 주로 무기 혹은 유기염류에 의한 것으로 특히 염소이온(Cl-)과 관련이 있으며 염소이온과 결합된 Na, K, Ca, Mg 등은 양이온에 따라 조금씩 그 짠맛이 달라진다.

※ 뭉친 것을 풀어주는 역할과 육류의 함미 등이 신음을 자음시킨다. 지나치면 정혈을 오히려 손상시킨다.

五味 – 식품의 오미와 인체 내 기능

오미	작용 및 기능
酸(산, 신맛)	-肝(간)의 기능을 높인다. -신맛으로 수축과 수렴작용을 한다. -간, 쓸개, 눈에 좋다. -위를 나쁘게 하므로 주의한다.
苦(고, 쓴맛)	-心(심)의 기능을 높인다. -쓴맛으로 소염작용과 모든 것을 단단하게 하는 작용을 한다. -심장과 소장에 좋다.
甘(감, 단맛)	-脾(비)의 기능을 높인다. -단맛으로 긴장된 근육의 이완과 안정작용을 하며 자양강장작용을 하여 위에 좋다.
辛(신, 매운맛)	-肺(폐)의 기능을 높인다. -매운맛으로 땀이 나는 발한작용을 한다. -폐, 코, 대장에 좋다. -간과 쓸개를 상하게 한다.
鹹(함, 짠맛)	-腎(신)의 기능을 높인다. -짠맛으로 진정작용을 한다. -콩팥, 귀, 뼈에 좋다.

3. 귀경(歸經)

약재(藥材)나 식재(食材)의 장부경락(臟腑經絡)에 대한 선택적 특이성을 변증에 따라 귀납하고 계통화하여 총결한 것이다.

귀경의 '귀(歸)'는 약물이 작용하는 부위의 귀속을 가리키고, '경(經)'은 인체의 장부경락을 가리킨다. 약물의 작용과 인체의 장부경락을 연계시켜 약물의 효능이 적용되는 범위를 설명함으로써 임상의 변증론치(辨證論治)에서 약물을 선택하는 근거를 제공해 준다.

질병의 발생은 한열허실(寒熱虛實)의 차이 이외에도 장부경락 등 발병 부위의 특이성을 고려해 변증 분석해야 하기 때문에 각각의 약재나 식재의 장부경락에 대한 선택적 특이성은 질병의 예방과 치료에 매우 의미가 크다고 할 수 있다.

3장
약선기초 한의학이론

1. 음양학설

1) 음양학설의 개념

　음양(陰陽)에서 음(陰)은 달이 언덕을 비춘다는 뜻이며 음지 쪽을 가리킨다.

　양(陽)은 태양이 언덕을 비춘다는 뜻이며 양지 쪽을 가리킨다. 음양학설은 바로 음과 양으로 자연계의 서로 대립되고 서로 연관되는 사물의 부동한 두 개의 속성을 대표하고 그들의 상호대립과 통일, 변화와 발전을 설명한다. 실례를 들면 하늘은 맑고 가벼운 기운이 뭉쳐 형성되었기에 양이라 하고 땅은 혼탁한 기운이 아래에 뭉쳐서 형성되었다고 하여 음에 귀납하였다.

　물은 그 성질이 차고 아래로 흐르기에 음에 귀속하고 불은 성질이 뜨겁고 위로 치달아 오르기에 양에 귀속한다.　무릇 운동적이고 겉으로 향하고 위로 상승하거나 덥거나 뜨거운 것, 명랑한 것, 확산되는 것 등의 속성은 모두 양에 귀납하고, 무릇 정지적이고 속으로 향하고 아래로 내려가거나 한랭한 것, 어두운 것, 응결되는 것 등의 속성은 모두 음에 귀납한다.

　음양학설은 자연계가 모두 물질로 구성되었으며 음양 두 개의 방면이 서로 대립되고 통일되면서 끊임없이 발전한다고 인정한다.　때문에 《황제내경》〈소문 · 음양응상대론〉에서는 "음양은 자연계의 근본법칙으로 모든 사물을 귀납하고 분석하는 기본고리이며 변화가 발생되고 발전하며 사물이 생겨나고 쇠망되는 근본으로서 모든 사물의 변화와 발전은 바로 음양 두 개 기의 상호대립과 통일이 있기 때문이다." 라고 하였다.

사물의 음양 속성 실례

양	하늘	낮	봄	여름	더위	명랑	활동	상승	표층	흥분	항진	기능
음	땅	밤	가을	겨울	추위	암흑	정지	하강	이면	억제	쇠퇴	물질

사물의 음양속성은 절대적인 것이 아니라 상대적이다. 일정한 조건하에서 음은 양으로 전화하고 양은 음으로 전화되며 음양에서도 또 음양으로 세분할 수 있다. 즉 음을 또 음중지음(陰中之陰)과 음중지양(陰中之陽)으로 나눌 수 있으며 양도 양중지양(陽中之陽)과 양중지음(陽中之陰)으로 나눌 수 있다. 그러므로 음양의 변화는 끊임없다. 때문에《황제내경》〈소문·음양이합론〉에서는 "음양은 십에서 백으로 백에서 천으로 헤아릴 수 있고 만으로 헤아릴 수 있으며 만 이상으로 끊임없이 헤아릴 수 있으나 그 수가 너무 커서 다 셀 수가 없으니 음양 하나로 개괄한다."고 하였다.

2) 음양학설의 기본내용

음양학설에는 네 가지 방면의 기본내용이 들어 있다.

(1) 음양은 서로 대립된다

우주의 만물은 모두 음양의 두 개 방면으로 나뉠 수 있으며 음과 양 이 두 개 방면의 사물이거나 현상은 정체적인 것이 아니라 상호 간에 제약하고 투쟁하면서 동태적인 평형을 유지한다. 투쟁이 있기에 사물은 발전하고 제약이 있으므로 규칙이 있게 된다. 인체를 놓고 말할 때 장(臟)과 부(府)는 상호 간에 대립되면서 동태적인 평형을 이루어 정상적인 생명활동을 유지한다.

예를 들어 비(脾)는 오장의 하나로 음에 속하며 위(胃)는 육부의 하나로 양에 속한다. 생리상에서 비의 기능(脾氣)은 위로 올라가며 위의 기능은 아래로 하강하는데 상승은 양에 속하고 하강은 음에 속하기에 서로 대립된다. 그러나 이러한 대립이 있기에 인체의 음식물의 소화와 수송을 정상적으로 진행하여 영양물질을 전신에 수송해 주고 찌꺼기는 아래로 배설해 버릴 수 있는 것이다. 일단 음양의 이런 대립과 상대적인 평형이 파괴되면 인체는 곧 병이 발생하게 된다.

(2) 음양의 상호의존

상호의존은 또 음양호근(陰陽互根)이라고 하는데 사물 혹은 현상의 두 개 방면이 또 서로 의존하여 누가 누구를 떠나 단독으로 존재하지 않음을 말한다. 인체를 놓고 말할 때 기능활동은 양에 속하고 물질적인 기초는 음에 속한다. 만약 기능활동이 없으면 물질기초가 생길수 없고 물질기초가 없다면 기능활동도 유지되어 나갈 수 없다. 즉 그 어느 한 방면과 존재는 상대방의 존재가 있기에 존재한다는 것이다.

(3) 음양은 서로 간에 상대방을 소모하면서 자라난다

서로 대립되는 음양은 일정한 조건하에서 음이 소모되면서 양기가 자라게 되고 양이 소모되면서 음이 자라게 되어 동태적 평형을 이루면서 사물이 변화하고 발전하게 된다. 그러나 그 어느 한 방면의 소모가 너무 심하거나 너무 자라 정상적인 한도를 초월하면 음양의 상대적인 평형이 상실되어 질병이 발생하게 된다. 때문에 내경에서는 "음이 너무 왕성하면 양기가 상대적으로 부족하여 한랭한 성질의 증후가 나타나며 양이 항진되면 음이 상대적으로 부족하여 열이 심한 증후가 나타난다."라고 말하였다.

(4) 음양은 서로 전화된다

음양은 또 일정한 조건하에서 대립되는 상대방향으로 전화된다. 즉 양이 음으로 전화되고 음이 양으로 전화되는데 사물의 성질이 근본적으로 개변된다.《황제내경》〈소문·음양응상대론〉에서는 "음이 극도에 이르면 양으로 전화되고 양이 극도에 이르면 음으로 전화되며” 따라서 “한기가 극도에 달하면 열이 생기고 열이 극도에 달하면 한기가 생겨나게 된다.’고 말하였다. 사계절의 기후변화를 보면 겨울의 추위가 극도에 달하면 점차 따뜻한 봄이 오게 되며 여름의 무더움이 극도에 달하면 선선한 가을이 오게 되는데 이것이 바로 음양이 일정한 조건하에서 상대방으로 전화되는 훌륭한 실례이다. 또 인체의 질병을 놓고 보면 외감병 초기 풍한사기(風寒邪氣)가 침입하면 오한이 나고 열이 나며 땀이 나지 않으며 머리가 아프고 몸과 전신 관절들이 아파지는 등 풍한표증(風寒表證)이 나타난다. 그러나 제때에 치료하지 못하거나 치료를 잘 못한다면(일정한 조건) 풍한사기는 열로 전화되어 속으로 들어가 실열증(實熱證)이 발생하게 된다. 또 실열증도 제때에 치료하지 못하거나 치료를 잘 못하면 정기가 손상받아 허한증(虛寒證)으로 전화되거나 양기가 크게 손상받아 손발이 차올라오며 낯빛이 창백하고 식은땀을 흘리며 정신이 흐리터분하고 혈압이 내려가면서 양기가 허하여 음한이 왕성해지는 양허음성(陽虛陰盛)의 위중한 증후도 나타나게 된다(현대의학의 감염성 쇼크와 유사하다). 만약 이때 적극적이고 정확한 치료를 시술하여 양기를 회복시키고 음한(陰寒)을 물리친다면 손발이 따뜻해지고 음양이 다시 상대적인 평형을 이루면서 건강을 회복하게 된다.

음양오행에 대한 바른 인식 : 氣적인 움직임으로 이해해야 한다.

(木) 봄 : 봄처럼 솟구쳐 오르는 기운, 상태 → 肝(인체의 기운을 올려주는 역할을 한다)

(火) 여름 : 만물이 번성한 기운, 여름처럼 기운이 화창한 상태

(土) 토 : 후덕하고 묵묵한 흙의 형상으로 목과 화의 양기(陽氣)와 금과 수의 음기(陰氣)의 중간에서 중재자(봄, 여름의 외형적인 기운을 내부적인 성숙으로 전환하기 위한 중간자) 역할을 한다.

(金) 가을 : 기운이 내려가고, 수그러들고, 떨어뜨리는 기운(가을의 기운이 봄기운보다 강하다).

(水) 겨울 : 차갑고 얼어붙은 물의 형상. 얼어붙은 물처럼 음기가 강하지만 속에 양의 기운을 간직하고 새봄을 준비한다.

음양의 속성

구분	양(陽)	음(陰)
최초의 의미	태양을 바라보는 곳(陽地)	태양을 등진 곳(陰地)
기본 성질	따뜻하고 밝고 건조하고 동적인 것 (溫·明·乾·動)	차갑고 어둡고 습하고 정적인 것 (凉·暗·濕·靜)
음양의 상징	불(火)	물(水)
자연계	하늘(天) 태양(日) 빛나는 별(星)	땅(地) 달(月) 빛나지 않는 별(辰)
계절	봄(春), 여름(夏)	가을(秋), 겨울(冬)
시간	낮(晝), 오전	밤(夜), 오후
방위	위쪽(上), 바깥쪽(外) 남쪽(南), 동쪽(東)	아래쪽(下), 안쪽(內) 북쪽(北), 서쪽(西)
성별	남자(男)	여자(女)
연령	어린이(少)	노인(老)
인체구조	상부(上部) 배요부(背腰部) 사지(四肢) 체외(體外) 육부(六腑)	하부(下部) 흉복부(胸腹部) 몸통(體幹) 체내(體內) 오장(五臟)
생리활동	기능(신진대사) 추동(推動), 온후(溫煦), 흥분(興奮) 이화(異化), 분해(分解), 배출(排出)	물질(영양물질) 응축(凝縮), 자윤(滋潤), 억제(抑制) 동화(同化), 합성(合成), 섭납(攝納)

2. 오행학설

1) 오행학설의 형성과 발전

오행학설은 음양학설과 더불어 동양의 전통적인 자연철학사상으로, 인간과 자연을 인식하고 해석하는 세계관과 방법론이다. 오행이란 우주만물을 구성한다는 목(木)·화(火)·토(土)·금(金)·수(水)의 다섯 가지 물질(五材)의 운동변화(行)를 말한다. 오행은 최초에 목·화·토·금·수의 다섯 가지 기본 물질인 '오재(五材)'에서 시작되었으나 후에 목·화·토·금·수 오행의 특성 및 그 상생·상극의 원리로써 자연을 인식하고 자연현상을 해석하며 자연법칙을 탐구하는 일종의 우주관이자 방법론으로, 우주만물을 오행의 기능속성에 따라 오대(五大)계통으로 분류하여 사물 간의 상호관계를 분석하고 오행의 생극제화(生克制化)관계로써 사물 간에 존재하는 복잡한 연계성이나 일부 사회현상과 생명현상을 해석해 내는 데까지 확대되었다.

2) 오행의 기본개념과 특성

오방 (五方)	오행 (五行)	오색 (五色)	**오미 (五味)**	오상 (五常)	오음 (五音)	오계 (五季)	오장 (五臟)	오부 (五腑)	오악 (五惡)	오관 (五官)	오정 (五情)	오체 (五體)
북 (北)	수 (水)	흑 (黑)	**짠맛 (鹹)**	지 (智)	우 (羽)	겨울 (冬)	신장 (腎)	방광 (膀胱)	한 (寒)	귀 (耳)	두려움 (恐怖)	뼈 (骨)
동 (東)	목 (木)	청 (靑)	**신맛 (酸)**	인 (仁)	각 (角)	봄 (春)	간 (肝)	담 (膽)	풍 (風)	눈 (目)	노여움 (忿怒)	근육 (筋)
남 (南)	화 (火)	적 (赤)	**쓴맛 (苦)**	예 (禮)	치 (徵)	여름 (夏)	심장 (心)	소장 (小腸)	서 (署)	혀 (舌)	기쁨 (喜悅)	피 (血)
서 (西)	금 (金)	백 (白)	**매운맛 (辛)**	의 (義)	상 (商)	가을 (秋)	폐 (肺)	대장 (大腸)	조 (燥)	코 (鼻)	슬픔 (悲哀)	피부 (皮)
중앙 (中央)	토 (土)	황 (黃)	**단맛 (甘)**	신 (信)	궁 (宮)	늦여름 (長夏)	비장 (脾)	위 (胃)	습 (濕)	입 (口)	생각 (思慮)	살 (肉)

3) 오행의 생극제화

(1) 개념 및 의의

오행의 생극제화란 오행인 목·화·토·금·수가 서로 독립되어 정지 불변하는 것이 아니라, 순서에 따라 상생(相生)과 상극(相克)으로 서로 조화·협조·통일을 이루어 생화(生化)가 쉬지 않고 끊임없이 이어지게 되는 오행 상호 간의 관계 및 변화의 규율을 말한다.

오행의 이러한 '생극제화'는 안으로는 오장(五臟)을 중심으로 인체의 각 조직기관 및 그 생리현상을 연역하여 체내의 장부·기관조직 및 그 생리현상 간에 '생극제화'가 이루어지는 관계를 설명하였고, 밖으로는 자연계의 각종 사물의 오행 속성을 인식함으로써 인체의 내외환경 간에 '생극제화'로 이루어지는 관계를 설명하였다.

(2) 오행의 상생과 상극

상생이란 오행이 목생화(木生化), 화생토(火生土), 토생금(土生金), 금생수(金生水), 수생목(水生木)의 순서로 서로 자생, 조장, 촉진의 관계에 있는 것을 말하고, 상극이란 목극토(木克土), 토극수(土克水), 수극화(水克火), 화극금(火克金), 금극목(金克木), 목극토(木克土)의 순서로 억제, 극제, 제약하는 관계에 있는 것을 말한다.

- 상생(서로를 만들어내는 / 相生)관계 : 木 ▶ 火 ▶ 土 ▶ 金 ▶ 水 ▶ 木
  나무를 태우면 불이 나고, 불이 나면 재가 남아 흙이 되며, 흙은 굳어서 쇠가 되고, 쇠가 녹으면 물이 되는데 이 물이 다시 나무를 자라게 한다.

(3) 상극에 대한 동양의학적 인식

금극목: 하강하는 기운이 올라가는 기운(春)을 끌어내린다(金) - 추상 같은 어명

화극금: 무성한(火)기운으로 밑으로 처지는, 내려가는 기운을 끌어올린다.

수극화: 지나치게 무성한 기운을 응축시키는 힘, 아래로 내려주는 힘을 제압한다.

토극수: 지나치게 응축된 것은 부드러운 기운(土)으로 살살 녹여낸다.

목극토 : 나무 · 새싹은 부드러운 땅을 뚫고 솟아오른다.

- 상극(서로를 이기는 / 相剋)관계 : 木 ▶ 土 ▶ 水 ▶ 火 ▶ 金 ▶ 木
  나무는 흙을 뚫고 일어나고, 흙은 물기를 빨아들이며, 물은 불을 끄고, 불은 쇠를 녹이는데 또 이 쇠는 나무를 자른다.

(4) 오행의 상승과 상모

오행 사이의 생극제화를 통한 정상적인 협조 평형이 파괴됨으로써 발생하는 비정상적인

상극을 말한다. 상승(相乘)은 상극이 지나친 경우를 말하고, 상모(相侮)는 상극이 반대로 일어나는 경우를 말하는데 반모(反侮) 또는 반극(反克)이라고도 부른다.

3. 장상학설

장상학설은 오장, 육부, 기항지부, 오관, 오체 등 장부조직과 기관들의 기능과 그들 사이의 관계에 대한 내용 및 인체의 생명활동기능과 관련된 기, 혈, 정, 진액(氣血精津液) 등의 작용 및 이들과 장부의 관계에 대한 내용으로 구성되어 있다.

장(臟)과 부(腑)는 각각의 기능적인 특징에 따라 구분되며, 장이 주된 기능을 담당한다. 이때 오장(五臟)은 심(心), 간(肝), 비(脾), 폐(肺), 신(腎)을 말하며, 기, 혈, 정, 진액(氣血精津液)을 활성화하고 저장하는 기능을 담당한다.

육부(六腑)는 담(膽), 위(胃), 대장(大腸), 소장(小腸), 방광(膀胱), 삼초(三焦)를 말하며, 수분과 음식물의 소화, 흡수, 전도, 배설 등의 기능을 통해 내보내고 받아들이며 이동시키는 역할을 담당한다.

오장육부는 사람의 몸속에 들어 있는 다섯 개의 장(臟)과 여섯 개의 부(腑)를 말한다.

오장육부를 중시하는 것은 이것이 인체의 생명을 유지하는 기능을 모두 수행할 수 있다고 보기 때문이다.

육부 중 삼초(三焦)는 각 장부가 제 기능을 할 수 있도록 서로 기능적으로 연결해 주는 연결통로나 기능체계를 말하는 것으로 한의학에만 있는 장기의 개념이다.

이것은 생명 유지의 3단계(먹고, 먹은 것이 온몸으로 퍼지게 하고, 배설하는 것)의 각 단계마다 일어나는 생리현상을 설명하는 개념이다.

삼초 중 상초(上焦)는 폐와 심장, 그리고 심장의 바깥에 있어 심장을 보호하고, 심장의 기능을 돕는 심포(心包)를 말하며, 중초(中焦)는 비장, 위장, 하초(下焦)는 간, 방광, 소장, 대장을 말한다.

- 오장(五臟) : 간장(肝臟), 심장(心臟) : 염통), 비장(脾臟 : 지라), 폐장(肺臟 : 허파), 신장(腎臟 : 콩팥)
- 육부(六腑) : 담(膽 : 쓸개), 소장(小腸), 위(胃), 대장(大腸), 방광(膀胱 : 오줌보), 삼초(三焦)

4. 기혈정진학설

1) 기(氣)

- 기는 부단히 운동하고 있는 활력이 강한 정미한 물질로 선천지기, 후천기지, 자연의 청기가 그 생성에 관여한다.
- 기의 생리작용에는 추동작용, 온후작용, 방어작용, 고섭작용, 기화작용 등이 있으며 이는 기의 승강출입, 즉 기기(氣機)의 조화와 균형이 중요하다.
- 기로 인한 병리변화에는 주로 기허(氣虛)와 기기실조(氣機失調)가 있다.
- 기허인 경우 많이 쓰이는 보기(補氣) 약선재료에는 인삼, 만삼, 황기, 산약, 소고기, 조기, 쌀 등이 있다.
- 기의 운행을 돕는 행기(行氣) 재료에는 진피, 지각, 귤, 회향, 매괴화 등 향기가 있는 과실이나 꽃, 채소류, 향신료류 등이 많이 활용된다.
- 혈은 붉은색의 액상물질로 우리 몸의 영양과 자윤(滋潤)작용을 담당하고, 정신활동의 물질적 기초가 된다.
- 혈로 인한 병리변화는 주로 혈허(血虛)와 혈어(血瘀)로 나타난다.
- 혈허인 경우에 많이 쓰이는 보혈(補血) 약선재료에는 당귀, 숙지황, 하수오, 용안육, 대추, 포도, 오디 외에 우유, 굴, 홍합과 육류 등이 있다.
- 혈어(血瘀)에 많이 쓰이는 활혈(活血) 약선재료에는 당귀, 천궁, 울금, 강황, 익모초, 홍화, 유채, 산사, 가지, 검은콩 등이 있다.

2) 정(精)

- 정은 우리 몸에 있는 일체의 정미한 물질로 생식과 성장발육, 혈과 수(髓)의 생성 및 장부조직기관의 유양(濡養)작용을 담당한다.
- 정으로 인한 병리변화는 주로 정(精)의 부족으로 나타나는데 이때 많이 쓰이는 보신익정(補腎益精) 약선재료에는 녹용, 육종용, 음양곽, 동충하초 등 외에 각종 육류와 해산물 등 고단백, 고콜레스테롤 함유식품들이 많이 있다.

3) 진액(津液)

- 진액은 우리 체내에 있는 일체의 정상적인 수액(水液)으로 우리 몸을 촉촉하게 하고 윤기 있게 하는 자윤과 유양작용을 담당한다.
- 진액의 주요 병리변화는 주로 진액의 부족과 진액의 운행장애로 인한 담음수습 노폐물의 적체로 나타난다.
- 진액의 부족에 많이 쓰이는 양음생진(養陰生津) 약선재료에는 사삼, 맥문동, 천문동, 백합 등과 여러 채소, 과일류 등이 포함된다.

生活藥膳

나리영양밥

재료

불린 찹쌀 3컵, **밤** 10개, **대추** 10개, **불린 검은콩** 3큰술, **강낭콩** 3큰술, **소금** 1작은술, **설탕** 1큰술, **생수** 3컵

밥 · 죽 재료 준비하기

1. 찹쌀은 2~4시간 불려서 찜기에 담는다.
2. 밤은 2~4등분, 대추는 돌려깎아 2~4등분하여 썬다.
3. 강낭콩은 먹기 좋은 정도로 삶아준다.

밥 · 죽 조리하기

4. 김 오른 찜솥에 면포를 깔고 찹쌀을 5분가량 찐다.
5. 찐 찹쌀에 생수, 소금, 설탕을 넣어 간을 하고 나머지 부재료
   들을 넣어 골고루 섞는다.
6. 찜솥에 면포를 깔고 찹쌀과 부재료 섞은 것을 다시 한 번 쪄
   서 조리한다.

밥 · 죽 담아 완성하기

7. 나미영양밥을 그릇에 담아 완성한다.

성미귀경

	性(성질)	味(맛)	歸經(귀경)
나미(찹쌀)	溫(따뜻하다)	甘(달다)	脾(비), 胃(위), 肺(폐)
밤	平(평하다)	甘, 鹹(달고 약간 짜다)	脾(비), 腎(신)
대추	溫(따뜻하다)	甘(달다)	心(심), 脾(비), 胃(위)

 효능 　비위가 허약하여 설사를 자주 하는 사람이나 토사곽란에 효과가 있으며 자한(自汗), 도한(盜汗), 다한(多汗)
증에 좋다.

시엽된장국밥

재료

시엽 3g, **된장** 1큰술, **단배추** 100g, **대파** 1/2뿌리, **청·홍고추** 각 1개,
소고기 100g, **멸치** 20g, **다시마** 1장, **밥** 1 공기

밥 · 죽 재료 준비하기

1. 시엽, 멸치, 다시마를 넣고 육수를 우려 체에 걸러준다.
2. 단배추는 먹기 좋은 크키로 2~3등분하여 썰고, 대파는 어슷썰기 하여 각각 끓는 물에 데친다.
3. 청 · 홍고추는 어슷썰고, 고기는 얇게 썬다.
4. 고슬고슬하게 지어진 밥 1공기를 준비한다.

밥 · 죽 조리하기

5. 육수에 된장을 체에 밭쳐 풀어주고 불에 올린다.
6. 국이 끓으면 나머지 단배추, 대파, 고추, 고기를 넣고 함께 끓이며 조리한다.

밥 · 죽 담아 완성하기

7. 그릇에 밥을 담고 건더기를 올리고 국물을 담아 완성한다.

성미귀경

	性(성질)	味(맛)	歸經(귀경)
시엽	寒(차다)	苦(쓰다)	肺(폐)
다시마	寒(차다)	鹹(짜다)	肝(간), 胃(위), 腎(신)

 효능 폐기(肺氣)를 잘 통하게 하고 기침과 출혈을 멎게 한다. 고혈압증과 동맥경화증 예방에 좋다.

연자죽

재료

연자 50g, **불린 백미(멥쌀)** 1컵, **표고버섯** 3장, **대추** 1개, **소금** 적량,
생수 3컵

밥·죽 재료 준비하기

1. 연자를 부드러워질 때까지 충분히 불린다.
2. 대추는 씨를 빼고 돌돌 말아 썰어 고명을 만든다.
3. 표고는 채썰어 준비한다.

밥·죽 조리하기

4. 불린 연자와 불린 멥쌀, 생수 2컵을 믹서로 곱게 간다.
5. 냄비에 넣고 눋지 않게 생수 1컵을 첨가하여 저어가며 끓인다.
6. 채썬 표고를 넣고 걸쭉하게 한소끔 더 끓인다.
7. 소금간을 하여 조리한다.

밥·죽 담아 완성하기

8. 죽을 그릇에 담아 완성한다.

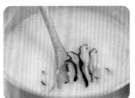

성미귀경

	性(성질)	味(맛)	歸經(귀경)
연자	平(평하다)	甘, 澁(달고 떫다)	脾(비), 心(심), 腎(신)
표고버섯	平(평하다)	甘(달다)	肝(간), 胃(위)

효능 소화를 돕고 병후(病後) 원기 회복에 좋으며, 내장을 보호하고 정신을 맑게 한다. 또한 눈과 귀도 밝게 해 준다.

흑지마죽

재료

흑지마(검은깨) 1/2컵, **불린 백미(멥쌀)** 1/2컵, **잣** 3알, **생수** 2컵,
소금 적당량

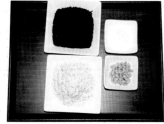

밥·죽 재료 준비하기

1. 멥쌀은 30분가량 불리고 검은깨는 이물질을 제거한다.
2. 잣은 고깔을 떼고 준비한다.

밥·죽 조리하기

3. 불린 멥쌀을 생수와 함께 믹서기에 갈아준다.
4. 흑지마를 생수와 함께 믹서기로 갈아 체에 거른다.
5. 냄비에 곱게 간 멥쌀을 넣고 끓이며 눋지 않게 잘 저어준다.
6. 곱게 간 멥쌀이 끓으면 곱게 간 흑지마를 넣고 저어가며 끓인다.
7. 소금으로 간하여 조리한다.

밥·죽 담아 완성하기

8. 죽을 그릇에 담고 잣을 고명으로 올려 완성한다.

성미귀경

	性(성질)	味(맛)	歸經(귀경)
흑지마	平(평하다)	甘(달다)	肝(간), 脾(비), 腎(신)
백미	平(평하다)	甘(달다)	脾(비), 胃(위)

 효능 간장과 신장을 보하고 정혈을 보하며 장을 윤택하게 하여 변을 잘 통하게 한다.

상엽칼국수

재료

상엽(뽕잎)가루 30g, **밀가루** 200g, **당근** 1/6개, **애호박** 1/6개, **표고버섯** 1개,
간장 5g, **식용유** 10g, **소금** 10g, **다시마**(10cm×10cm) 1장, **멸치** 30g
표고 양념 : 간장 1작은술, **설탕** 1/2작은술

면류 재료 준비하기

1. 밀가루와 뽕잎가루를 섞어 체친다.
2. 당근과 애호박은 채썰어 소금을 살짝 뿌리고, 표고는 채썰어 양념하여 준비한다.

면류 육수 만들기

3. 냄비에 물을 붓고 다시마, 표고, 멸치를 넣어 육수를 끓인다.
4. 육수를 체에 거르고 간장과 소금으로 간을 하여 만든다.

국수 반죽하기

5. 밀가루와 뽕잎가루에 소금을 약간 넣고 물을 넣어 반죽한다.
6. 완성된 반죽은 비닐에 넣어 20분가량 숙성시킨다.
7. 바닥에 덧가루를 뿌리고 숙성된 반죽을 밀대로 두께 0.1cm, 폭 0.3cm로 밀어 썬 뒤 칼국수면을 만들어 서로 달라붙지 않도록 털어둔다.

국수 조리하기

8. 팬에 식용유를 두르고 채썬 당근과 애호박, 표고버섯을 각각 살짝 볶는다.
9. 육수를 냄비에 붓고 끓으면 칼국수면을 넣고 한번 끓어오르면 찬물을 조금씩 2회로 나누어 붓고 속까지 익혀 조리한다.

면류 담아 완성하기

10. 칼국수면이 익으면 그릇에 국물과 함께 담는다.
11. 당근과 애호박을 고명으로 올려 완성한다.

성미귀경

	性(성질)	味(맛)	歸經(귀경)
상엽(뽕잎)	寒(차다)	苦(쓰다), 甘(달다)	肺(폐), 肝(간)
밀	凉(서늘하다)	甘(달다)	脾(비), 心(심), 腎(신)

 효능   당뇨 예방, 고혈압 및 동맥경화 예방, 중풍예방, 중금속 배출 등에 효과가 있다.

황기닭칼국수

재료
황기 10g, **밀가루** 200g, **뼈 붙은 닭고기** 150g, **부추** 50g, **대파** 1토막
소금 1작은술, **간장** 2작은술, **파뿌리** 1개, **생강** 5g, **통후추** 1작은술
양념장 : 마늘 1/2쪽, **파** 1/2토막, **부추** 약간, **간장** 2큰술, **소금** 3g

면류 재료 준비하기

1. 닭은 손질하여 핏물을 제거한다.
2. 부추는 5cm로 썰고 일부는 잘게 썬다.
3. 마늘과 파는 다지고 밀가루는 체에 내려 준비한다.

면류 육수 만들기

4. 냄비에 물을 붓고 뼈 있는 닭고기, 파뿌리, 생강, 통후추, 황기를 넣고 끓인다.
5. 닭고기가 익으면 건져내고 국물은 체에 걸러 육수를 만든다.

국수 반죽하기

6. 체친 밀가루에 소금물을 넣어 반죽한 뒤 비닐에 싸서 잠시 숙성시킨다.
7. 숙성된 밀가루 반죽을 밀대로 0.1cm 두께로 밀어 접고 폭 0.3cm으로 썰어 칼국수면을 만든다.

국수 조리하기

8. 건진 닭고기는 잘게 찢어 간장과 소금을 넣고 조물조물 무친다.
9. 양념장 분량의 재료를 섞어 양념장을 만든다.
10. 육수를 냄비에 붓고 끓으면 칼국수면을 넣고 한번 끓어오르면 찬물을 조금 넣어 속까지 익힌다.
11. 면이 익으면 대파와 부추를 넣고 15초간 더 끓여 조리한다.

면류 담아 완성하기

12. 그릇에 칼국수를 담고 양념한 닭고기, 대파, 부추를 고명으로 올린다.
13. 양념장과 함께 내어 완성한다.

성미귀경

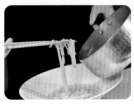

	性(성질)	味(맛)	歸經(귀경)
황기	溫(따뜻하다)	甘(달다)	肺(폐), 脾(비)
부추	溫(따뜻하다)	辛(맵다)	肝(간), 腎(신), 胃(위)
닭	溫(따뜻하다)	甘(달다)	간(肝), 신(腎), 비(脾)

효능 여름철 기운이 빠져 땀이 많이 나는 것을 치료하고 원기를 회복시키는 데 좋다.

인삼콩국수

재료

수삼 1뿌리, **콩** 50g, **밀가루** 80g, **잣** 1큰술, **땅콩** 1/3큰술, **오이** 1/6개,
흑임자 1작은술, **소금** 10g

면류 재료 준비하기

1. 밀가루는 체친다.
2. 수삼 1/2뿌리와 오이는 채썰어 준비한다.

면류 육수 만들기

3. 콩은 깊은 냄비에 물을 3배 붓고 뚜껑 덮고 끓인다.
4. 끓기 시작하면 뚜껑 열고 10분간 더 끓인다.
5. 삶은 콩은 맑은 물로 헹구어가며 콩껍질을 계속 벗겨낸다.
6. 삶아서 껍질 벗긴 콩과 수삼 1/2뿌리, 잣, 땅콩을 넣고 믹서기에 곱게 갈아 콩국을 만든다.

국수 반죽하기

7. 체친 밀가루에 소금물을 넣고 반죽하여 비닐에 싸서 20분가량 숙성시킨다.
8. 숙성된 밀가루 반죽을 밀대로 0.1cm 두께로 밀어 접고 폭 0.2cm로 썰어 국수면을 만든다.

국수 조리하기

9. 끓는 물에 국수를 삶아 찬물에 헹군다.

면류 담아 완성하기

10. 그릇에 국수를 담은 뒤 콩국을 붓고 수삼채와 오이채를 올린 다음 흑임자를 뿌려 완성한다.

성미귀경

	性(성질)	味(맛)	歸經(귀경)
수삼	溫(따뜻하다)	甘, 微苦(달고 약간 쓰다)	脾(비), 肺(폐)
콩	平(평하다)	甘(달다)	脾(비), 胃(위)

 효능 단백질이 풍부하여 허한 몸을 보하면서 다이어트에 효과가 있어 여성에게 좋다.

백복령수제비

재료
백복령가루 1큰술, **밀가루** 80g, **다시마** 1장, **무** 50g, **멸치** 30g,
콩가루 1큰술, **감자** 1개, **애호박** 1/6개, **당근** 1/6개, **청·홍고추** 각 1/2개,
파 1토막, **소금** 약간, **간장** 약간
양념장 : 간장 2큰술, **청·홍고추** 약간씩

면류 재료 준비하기

1. 백복령가루, 콩가루, 밀가루를 함께 체친다.
2. 감자, 애호박, 당근은 모두 반달썰기를 하고, 청 · 홍고추는 어슷 썰기하여 준비한다.

면류 육수 만들기

3. 냄비에 물을 붓고 다시마, 무, 멸치를 넣고 끓여 체에 걸러 육수를 만든다.

국수 반죽하기

4. 체친 백복령가루, 콩가루, 밀가루에 소금과 물을 넣어 수제비 반죽을 한다.
5. 수제비 반죽은 비닐에 싸서 20분간 숙성시킨다.

국수 조리하기

6. 육수에 소금과 간장으로 간을 하여 다시 끓인다.
7. 끓는 육수에 감자를 넣고 삶다가 수제비 반죽을 손으로 납작하게 늘려가며 뜯어 넣는다.
8. 애호박과 당근을 넣고 끓이다가 청 · 홍고추를 넣고 한소끔 더 끓여 조리한다.

면류 담아 완성하기

9. 그릇에 건더기와 국물의 양을 조절하여 담아 완성한다.

성미귀경

	性(성질)	味(맛)	歸經(귀경)
콩	寒(차다)	甘, 淡(달고 담백하다)	腎(신), 脾(비), 肺(폐)

 효능 신장, 방광이 안 좋을 때 효과가 있고, 눈이 밝아지고 마음을 안정시키는 효능도 있다.

교맥만두

재료
교맥(메밀)가루 3컵, **밀가루** 100g, **산약가루** 70g, **소금** 1작은술, **무** 200g,
다진 소고기 200g, **양파** 100g, **숙주나물** 100g, **미나리** 50g, **두부** 50g,
참기름·소금 약간씩
두부+소고기 양념 : **간장** 2큰술, **다진 마늘** 1큰술,
다진 생강 1/2작은술, **꿀** 1/2작은술, **참기름** 1큰술

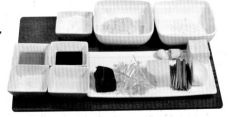

면류 재료 준비하기

1. 메밀가루, 밀가루, 산약가루, 소금을 섞어 체에 내린다.
2. 무는 채쳐서 참기름과 소금을 넣어 부드럽게 볶은 다음 잘게 다지고 미나리와 숙주는 살짝 데쳐서 수분을 제거하고 잘게 다진다.
3. 양파는 채썰어 달군 팬에 살짝 볶아놓고, 두부는 칼등으로 으깨서 다진 소고기와 양념을 넣고 골고루 섞어 준비한다.

만두 반죽하기

4. 체에 섞어 내린 가루를 뜨거운 물로 익반죽한다.
5. 손으로 여러 번 치대서 반죽한 후 밀대로 밀어 만두피를 만든다.

만두 조리하기

6. 무, 미나리, 숙주, 양파, 두부, 소고기 등을 골고루 섞어 만두소를 만든다.
7. 반죽에 만두소를 넣고 모양을 잡아가며 빚는다.
8. 팔팔 끓는 소금물에 빚은 만두를 넣어 물 위로 떠오를 때까지 삶아 익혀 조리한다.

면류 담아 완성하기

9. 그릇에 만두와 국물을 적당한 비율로 담아 완성한다.

성미귀경

	性(성질)	味(맛)	歸經(귀경)
산약	平(평하다)	甘(달다)	肺(폐), 脾(비), 腎(신), 胃(위)
메밀	凉(서늘하다)	甘(달다)	脾(비), 胃(위), 大腸(대장)

 효능   열을 내리고 비위를 튼튼하게 하며 기운을 아래로 내려주고 적체를 제거하며 소화를 돕는 효능이 있다.

어성초시래기된장국

재료

어성초 10g, **시래기** 200g, **두부** 100g, **느타리버섯** 100g, **양파** 50g,
얼갈이배추 100g, **청·홍고추** 10g,
육수 2컵(다시마 사방 5cm, 국물용 멸치 10g), **대파** 3cm,
다진 마늘 1작은술, **고추장** 1작은술, **된장** 1큰술

국·탕 재료 준비하기

1. 얼갈이배추는 데치고, 느타리는 길게 찢고, 양파는 길게 채썬다.
2. 두부는 한입 크기로 썰고, 청·홍고추와 대파는 어슷썰기한다.
3. 무시래기는 끓는 물에 데쳐 찬물에 씻은 뒤 물기를 제거한다.
4. 데친 무시래기는 적당한 크기로 잘라 된장, 고추장, 다진 마늘에 조물조물 무쳐 준비한다.

국·탕 육수 만들기

5. 어성초는 먼지를 털고 깨끗이 다듬어 냄비에 물 3컵을 넣고 15분 정도 끓여 체에 거른다.
6. 냄비에 물 3컵을 붓고 다시마와 국물용 멸치를 넣고 10분 정도 끓인 뒤 체에 걸러 육수를 만든다.

국·탕 조리하기

7. 어성초 끓인 물 2컵, 육수 2컵, 얼갈이배추와 느타리버섯, 양파 등을 넣고 센 불에서 10분 정도 끓이다가 중불에서 끓인다.
8. 맛이 어우러지면 간을 맞추고, 청·홍고추와 대파를 넣어 2분 더 끓여 조리한다.

국·탕 담아 완성하기

9. 건더기와 국물의 양을 고려해 그릇에 담아 완성한다.

성미귀경

	性(성질)	味(맛)	歸經(귀경)
어성초	寒(차다)	辛(맵다)	肺(폐), 肝(간)
우거지	溫(따뜻하다)	苦, 甘(쓰고 달다)	心(심), 肺(폐), 脾(비), 胃(위)
두부	凉(서늘하다)	甘(달다)	脾(비), 胃(위), 大腸(대장)
느타리	平(평하다)	甘(달다)	脾(비), 胃(위)

 효능 신양(腎陽) 부족으로 몸과 사지가 차고, 허리, 무릎관절이 아프고, 냉통이 있으며, 쉽게 피로하고 무력한 사람, 소변을 자주 보거나 요실금 등의 증상이 있는 갱년기 여성에게 적합한 약선이다.

황기홍합미역국

재료

황기 10g, **홍합살** 300g, **건미역** 20g, **참기름** 1큰술, **국간장** 1큰술
홍합살 양념 : 다진 마늘 10g, **물** 4컵, **국간장** 1작은술, **소금** 1작은술,
후춧가루 약간

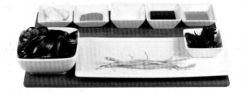

국·탕 재료 준비하기

1. 미역을 물에 20~30분가량 담가 부드럽게 불린 후 주무르며 깨끗이 씻어 물기를 짜고 먹기 좋은 크기로 썰어서 양념한다.
2. 홍합과 황기는 표면의 이물질을 떼어내고 깨끗이 씻어 준비한다.

국·탕 육수 만들기

3. 손질한 홍합을 끓여 입이 벌어지면 건져내서 살만 떼어놓고 국물은 체에 거른다.
4. 황기는 물 1컵을 넣고 끓여 체에 거른다.

국·탕 조리하기

5. 열이 오른 냄비에 참기름을 두르고 양념한 미역을 넣고 볶다가 홍합국물 3컵과 어성초 거른 물을 부어 맛이 충분히 우러날 때까지 끓여 간을 맞춘다.
6. 미역국에 손질한 홍합살을 넣고 한소끔 더 끓여 조리한다.

국·탕 담아 완성하기

7. 국물과 건더기의 양을 고려하여 그릇에 담아 완성한다.

성미귀경

	性(성질)	味(맛)	歸經(귀경)
황기	溫(따뜻하다)	甘(달다)	肺(폐), 脾(비)
미역	寒(차다)	甘, 鹹(달고 짜다)	脾(비), 胃(위)
홍합	溫(따뜻하다)	甘, 鹹(달고 짜다)	肝(간), 腎(신)

효능 잔뇨감, 야간빈뇨가 있는 사람에게 효과가 있으며 부인들의 하혈, 냉대하에 효과가 있다. 어린이 성장 발육에도 도움이 되는 약선이다.

청채삼계탕

재료

청채(청경채) 80g, **닭** 1마리, **인삼** 1뿌리, **대추** 20g, **찹쌀** 100g, **소금** 1작은술, **생강** 10g, **백출** 3g, **복령** 5g, **감초** 5g

국·탕 재료 준비하기

1. 닭은 이물질을 제거하고 깨끗이 손질한다.
2. 인삼은 손질하여 껍질을 살짝 벗긴다.

국·탕 육수 만들기

3. 냄비에 물을 붓고 생강, 백출, 복령, 감초를 넣고 끓여 체에 걸러 한방 채수를 만든다.

국·탕 조리하기

4. 불린 찹쌀은 고슬고슬하게 찰밥을 짓는다.
5. 손질한 닭의 배 속에 불린 찹쌀, 인삼, 대추를 넣고 다리를 꼬아 고정시킨다.
6. 냄비나 솥에 한방 채수를 붓고 4의 닭과 대추를 넣고 센 불에서 15분간 삶다가 약한 불에서 15분간 푹 삶아준다.
7. 중간중간 거품을 제거한다.
8. 닭이 완전히 익으면 청경채를 넣고 한소끔 끓인다.
9. 소금으로 밑간하여 조리한다.

국·탕 담아 완성하기

10. 그릇에 닭과 국물의 양을 조절하여 담아 완성한다.

성미귀경

	性(성질)	味(맛)	歸經(귀경)
닭	溫(따뜻하다)	甘(달다)	간(肝), 신(腎), 비(脾)
복령	平(평하다)	甘(달다)	心(심), 脾(비), 腎(신)
청채	寒(차다)	甘(달다)	肺(폐), 胃(위), 大腸(대장)
백출	溫(따뜻하다)	苦, 甘(쓰고 달다)	脾(비), 胃(위)
감초	平(평하다)	甘(달다)	心(심), 肺(폐), 脾(비), 胃(위)

 효능 비장을 튼튼하게 하고 기운을 만들어주는 약선이다.

산약버섯탕

재료

생산약(마) 100g, **표고버섯** 10g, **양송이버섯** 2개, **느타리버섯** 10개,
오가피 10g, **당귀** 10g, **삼백초** 5g, **감초** 2g, **쑥갓** 10g, **대파** 1/2뿌리,
홍고추 1개, **다진 마늘** 2큰술, **간장** 2큰술, **소금** 1큰술

국·탕 재료 준비하기

1. 생산약을 씻은 후 껍질을 벗겨 어슷썰기한다.
2. 표고버섯, 양송이버섯은 편으로 썰고 느타리버섯은 손으로 찢는다.
3. 대파는 어슷썰고 쑥갓은 손질하여 5cm로 썰어 준비한다.

국·탕 육수 만들기

4. 오가피, 당귀, 삼백초, 감초를 넣고 물 1L를 부어 20분간 끓인 뒤 체에 걸러서 한방 채수를 만든다.

국·탕 조리하기

5. 한방 채수에 산약을 넣고 한 번 끓인 후, 모든 버섯을 넣고 다진 마늘과 간장, 소금으로 간하여 한소끔 끓인다.
6. 쑥갓, 어슷썬 홍고추를 넣어 불을 끄고 조리한다.

국·탕 담아 완성하기

7. 그릇에 산약버섯탕을 담아 완성한다.

성미귀경

	性(성질)	味(맛)	歸經(귀경)
산약	平(평하다)	甘(달다)	脾(비), 肺(폐), 腎(신)
오가피	溫(따뜻하다)	辛, 苦(맵고 쓰다)	脾(비), 肝(간), 腎(신)
삼백초	寒(차다)	辛, 苦(맵고 쓰다)	肺(폐), 膀胱(방광)
당귀	溫(따뜻하다)	甘, 辛(달고 맵다)	心(심), 肝(간), 脾(비)
감초	平(평하다)	甘(달다)	心(심), 肺(폐), 脾(비), 胃(위)

 효능 간풍을 안정시키는 효능이 있고, 풍을 맞아 사지를 잘 쓰지 못하거나 마비되고 관절운동이 잘 되지 않거나 풍습으로 인한 관절염에도 좋다.

삼복탕

재료

인삼 1부리, **오골계** 1마리, **전복** 1마리, **낙지** 1마리, **백하수오** 5g,
정공피 3g, **감초** 5g, **밤** 5개, **대추** 5개, **밀가루** 1큰술, **함초소금** 적당량

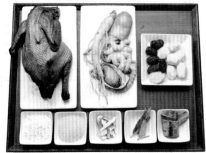

국·탕 재료 준비하기

1. 낙지는 밀가루와 소금을 넣고 뽀득뽀득 문질러 씻는다.
2. 오골계는 깨끗이 손질한다.
3. 인삼은 깨끗이 손질하여 얇게 편썰기하여 준비한다.

국·탕 육수 만들기

4. 백하수오, 정공피, 감초를 우려 체에 걸러서 한방 채수를 만든다.

국·탕 조리하기

5. 냄비에 오골계를 넣고 한방 채수를 부어 삶는다.
6. 닭이 반쯤 익혀지면 밤, 대추를 넣고 계속 삶는다.
7. 닭과 밤이 다 익으면 낙지와 전복을 넣고 한소끔 더 끓여 조리한다.

국·탕 담아 완성하기

8. 불을 끄고 인삼을 넣어 마무리한다.
9. 함초소금을 곁들여 완성한다.

성미귀경

	性(성질)	味(맛)	歸經(귀경)
오골계	平(평하다)	甘(달다)	肝(간), 腎(신), 肺(폐)
낙지	寒(차다)	甘, 鹹(달고 짜다)	脾(비)
전복	溫(따뜻하다)	鹹(짜다)	肝(간), 腎(신)
정공피	溫(따뜻하다)	辛(맵다)	肺(폐), 腎(신), 肝(간)

효능 대표적인 보양식품으로 노인과 환자 및 산모의 원기회복에 뛰어난 효능이 있다.
주의 : 정공피는 신경통, 관절염 등에 좋으나 다량 섭취 시 두통, 구토, 위장장애를 일으킬 수 있으니 주의한다.

능이들깨탕

재료

능이 100g, **들깨가루** 5큰술, **멸치** 20g, **다시마** 1쪽, **무** 50g, **감초** 2g, **둥굴레** 5g, **소금** 1큰술

국·탕 재료 준비하기

1. 능이는 깨끗이 손질하여 길게 썰어 준비한다.

국·탕 육수 만들기

2. 냄비에 물을 붓고 멸치, 다시마, 무, 감초, 둥굴레를 넣고 끓여 체에 걸러 한방 채수를 만든다.

국·탕 조리하기

3. 들깨가루와 한방 채수 1컵을 넣고 믹서로 갈아준다.
4. 냄비에 육수를 붓고 소금과 능이를 넣고 끓인다.
5. 능이 냄비의 불을 끄고 들깨가루 간 것을 섞어준다.
6. 팔팔 끓지 않게 약불에서 서서히 끓여 조리한다.

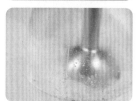

국·탕 담아 완성하기

7. 그릇에 능이들깨탕을 담아 완성한다.

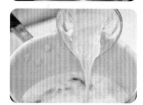

성미귀경

	性(성질)	味(맛)	歸經(귀경)
능이	微寒(약간 차다)	澁(떫다)	肺(폐), 胃(위)
들깨	溫(따뜻하다)	辛(맵다)	肺(폐), 大腸(대장)
둥굴레	微寒(약간 차다)	甘(달다)	肺(폐), 胃(위)

 효능 암 예방과 기관지천식 및 감기에 효능이 있다. 마른기침과 가래를 삭이고, 위장질환에 효과가 있다.

계지순두부청국장찌개

재료

계지 3g, **순두부** 100g, **청국장** 2큰술, **소고기** 100g, **두부** 100g,
느타리버섯 10g, **풋고추** 20g, **홍고추** 10g, **건표고** 1개, **대파** 1/2대,
대추 20g, **백작약** 2g, **감초** 2g
고기 양념 : 소금 1작은술, **다진 마늘** 1작은술, **들기름·후춧가루** 약간씩

찌개 · 전골 재료 준비하기

1. 소고기를 얇게 썰어 고기 양념으로 무치고, 두부는 네모지게 썰고, 느타리버섯은 살짝 데친다.
2. 표고버섯을 씻어 물 1컵에 불린 다음 채썰고, 버섯 불린 물은 따로 준비한다.

찌개 · 전골 육수 만들기

3. 계지, 백작약, 감초, 대추는 씻어 물 1L를 넣고 30분간 끓여 약물을 만든다.

찌개 · 전골 조리하기

4. 뚝배기에 들기름을 두르고 양념한 고기와 느타리버섯, 표고버섯을 넣고 볶다가 버섯 불린 물과 약물을 붓는다.
5. 청국장을 풀어 넣고 끓기 시작하면 두부와 순두부를 넣고 불을 줄여 오랫동안 서서히 끓인다.
6. 끓이면서 거품을 제거해 준다.
7. 맛이 잘 어우러지면 고추와 대파를 송송 썰어 넣고 조리한다.

찌개 · 전골 담아 완성하기

8. 그릇에 계지순두부청국장찌개를 담아 완성한다.

성미귀경

	性(성질)	味(맛)	歸經(귀경)
계지	溫(따뜻하다)	甘, 辛(달고 맵다)	心(심), 肺(폐), 膀胱(방광)
백작약	微寒(약간 차다)	微苦, 微甘(약간 쓰고 약간 달다)	脾(비), 肺(폐), 肝(간)
감초	平(평하다)	甘(달다)	心(심), 肺(폐), 脾(비), 胃(위)

효능 혈액을 맑게 하여 뇌졸중, 심장병, 당뇨병, 허리와 다리의 통증, 비만증, 고혈압, 동맥경화 등의 만성병을 다스리는 약선이다.

구기자해산물두부찌개

재료

구기자 100g, 오징어 1/2마리, 바지락 100g, 새우 50g, 미더덕 50g,
홍합 100g, 두부 1/4모, 표고버섯 2개, 호박 1/6개, 배추 50g, 양파 1/4개,
대파 1토막, 청양고추 1개, 소금 적량
육수 : 양파 1/4개, 대파 1토막, 표고버섯 1개, 다시마 1장, 무 1쪽,
청양고추 1개
양념장 : 고추장 1큰술, **고춧가루** 1큰술, **다진 마늘** 1/2큰술, **후추** 약간,
간장 2큰술

찌개 · 전골 재료 준비하기

1. 새우, 홍합, 미더덕은 깨끗이 손질해 놓는다.
2. 오징어는 내장을 제거하고 껍질을 벗겨서 먹기 좋게 썬다.
3. 바지락은 굵은소금으로 치대어 해감하여 씻는다.
4. 표고버섯, 두부, 호박, 배추, 양파는 먹기 좋은 크기로 썬다.
5. 청양고추는 어슷썰기하여 준비한다.

찌개 · 전골 육수 만들기

6. 냄비A에 물 1컵을 넣고 구기자를 넣어 한방 채수를 만든다.
7. 냄비B에 물 1컵을 넣고 양파, 대파, 표고, 다시마, 무, 청양고추를 넣고 끓인 후 체에 걸러 육수를 만든다.

찌개 · 전골 양념장 만들기

8. 고추장, 고춧가루, 다진 마늘, 후추, 간장을 배합하여 양념장을 만든다.

찌개 · 전골 조리하기

9. 뚝배기에 한방 채수와 육수를 함께 끓이면서 준비한 해산물을 넣어 한소끔 끓인다.
10. 중간중간 거품을 제거해 준다.
11. 양념장을 넣고 끓으면 호박과 배추를 넣는다.
12. 대파, 청양고추, 두부를 넣고 소금으로 간을 하며 조리한다.

찌개 · 전골 담아 완성하기

13. 뚝배기째로 상에 올려 완성한다.

성미귀경

	性(성질)	味(맛)	歸經(귀경)
구기자	平(평하다)	甘(달다)	肺(폐), 肝(간), 腎(신)
홍합	溫(따뜻하다)	甘, 鹹(달고 짜다)	肝(간), 腎(신)

효능 근육과 골격을 튼튼하게 해주고 몸의 기혈을 도와 몸을 가볍게 한다.

육미지황버섯전골

재료

표고 50g, **느타리** 100g, **양송이** 50g, **새송이버섯** 1개, **닭고기** 100g,
청경채 2개, **대파** 1토막, **마늘** 3쪽, **소금** 약간, **생강** 1쪽
고기 양념 : 마늘 1/2쪽, **생강** 1/4쪽, **소금** 1/2작은술, **후추** 2g
육미지황 : 숙지황 7g, **구기자** 4g, **산수유** 4g, **택사** 3.5g, **목단피** 3.5g,
백복령 3.5g

찌개 · 전골 재료 준비하기

1. 버섯들을 종류별로 씻어서 찢거나 썰어서 준비한다.
2. 청경채도 버섯 크기로 준비한다.
3. 파와 마늘, 생강은 곱게 다진다.
4. 닭고기에 마늘, 생강, 후추, 소금을 넣고 조물조물 무쳐 준비한다.

찌개 · 전골 육수 만들기

5. 냄비에 물 1L와 육미지황 재료를 넣고 20분간 끓여 체에 걸러 한 방 채수를 만든다.

찌개 · 전골 조리하기

6. 전골냄비에 버섯과 나머지 부재료들을 돌려가며 담아준다.
7. 가운데 양념한 고기를 얹고 약물을 재료가 잠길 만큼 부어준다.
8. 끓으면 소금으로 간하여 조리한다.

찌개 · 전골 담아 완성하기

9. 전골냄비 그대로 완성한다.

성미귀경

	性(성질)	味(맛)	歸經(귀경)
숙지황	溫(따뜻하다)	甘, 微苦(달고 약간 쓰다)	心(심), 肝(간), 腎(신)
구기자	平(평하다)	甘(달다)	肺(폐), 肝(간), 腎(신)
택사	寒(차다)	苦(쓰다)	膀胱(방광), 腎(신)
산수유	微溫(약간 따뜻하다)	酸, 澁(시고 떫다)	肝(간), 腎(신)
목단피	微寒(약간 차다)	甘, 辛(달고 맵다)	心(심), 肝(간), 腎(신)
백복령	寒(차다)	甘, 淡(달고 담백하다)	腎(신), 脾(비), 肺(폐)

효능 육미지황탕은 피를 보하고, 혈압, 혈당을 낮춘다. 만성신경쇠약, 빈혈, 당뇨, 고혈압, 폐기능 강화에도 효과가 있다.

만병초소고기전골

재료

만병초 5g, **소고기** 400g, **쑥갓** 100g, **느타리버섯** 100g,
무 100g, **당근** 100g, **양파** 100g, **함초가루** 30g, **산사** 5g
참깨 양념장 : 참깨 1큰술, **진간장** 1큰술, **약물** 2큰술
간장 양념장 : 간장 1큰술, **약물** 1큰술, **배즙** 2큰술

찌개 · 전골 재료 준비하기

1. 소고기는 얇게 썰어 준비한다.
2. 각종 채소는 깨끗하게 씻어 5cm 크기로 썰어서 준비한다.

찌개 · 전골 육수 만들기

3. 산사는 씨를 제거하고 20분간 끓이다가 불을 끄고 만병초를 넣고 우려서 한방 채수를 만든다.

찌개 · 전골 양념장 만들기

4. 참깨 양념장과 간장 양념장을 분량대로 배합하여 만든다.

찌개 · 전골 조리하기

5. 전골냄비에 준비한 채소를 돌려 깔고 소고기를 올린다.
6. 육수를 5에 재료들이 잠길 만큼 붓고 끓이면서 함초가루를 넣어 간을 조절하며 조리한다.

찌개 · 전골 담아 완성하기

7. 양념장과 함께 전골냄비 그대로 완성한다.

성미귀경

	性(성질)	味(맛)	歸經(귀경)
만병초	平(평하다)	甘, 酸(달고 시큼하다)	肝(간), 腎(신)
소고기	平(평하다)	甘(달다)	脾(비), 胃(위)
느타리	平(평하다)	甘(달다)	脾(비), 胃(위)

 효능 근골을 튼튼하게 하고 몸을 윤택하게 한다. 신장의 허약으로 인한 요통, 빈혈, 발육 부족에 효과가 있으며 비위를 튼튼하게 하는 효능도 있다.

사군자돼지갈비찜

재료

돼지갈비 600g, **인삼** 1뿌리, **당면** 100g, **밤** 5개, **대추** 5개, **은행** 10개,
표고 5장, **설탕** 1큰술, **물엿** 3큰술
사군자 : **인삼** 4g, **백복령** 4g, **백출** 4g, **감초** 2g
양념장 : **간장** 5큰술, **소금** 1/2작은술

찜·선 재료 준비하기

1. 돼지갈비는 찬물에 담가 핏물을 제거한다.
2. 냄비에 물과 사군자 재료를 넣고 끓여서 체에 걸러 준비한다.
3. 당면은 물에 불리고, 밤, 대추, 은행, 표고는 깨끗이 손질한다.
4. 인삼은 편으로 썰어 준비한다.

찜·선 양념장 만들기

5. 간장, 설탕, 물엿, 소금을 배합하여 양념장을 만든다.

찜·선 조리하기

6. 냄비에 사군자 우린 물과 돼지갈비를 넣고 삶는다.
7. 밤, 대추, 은행, 표고를 넣고 계속 삶는다.
8. 양념장을 넣는다.
9. 고기가 익으면 불린 당면을 넣고 익힌다.
10. 불을 끄고 인삼을 넣어 섞어서 조리한다.

찜·선 담아 완성하기

11. 돼지갈비찜을 그릇에 담고 국물을 끼얹어 완성한다.

성미귀경

	性(성질)	味(맛)	歸經(귀경)
인삼	微溫(약간 따뜻하다)	甘微苦(달고 약간 쓰다)	脾(비), 肺(폐), 腎(신)
백복령	寒(차다)	甘, 淡(달고 담백하다)	腎(신), 脾(비), 肺(폐)
백출	溫(따뜻하다)	苦, 甘(쓰고 달다)	脾(비), 胃(위)
감초	平(평하다)	甘(달다)	心(심), 肺(폐), 脾(비), 胃(위)

 효능 기를 보충하여 쉽게 피로감을 느낄 때 원기회복에 좋고, 소화촉진에 효과가 있다.

사물탕닭찜

재료

토막낸 닭 600g, **당근** 1/3개, **감자** 2개, **양파** 1개, **설탕** 1큰술,
물엿 5큰술, **소금** 1/2큰술, **고춧가루** 2큰술, **고추장** 1큰술
사물탕 : **당귀** 4g, **천궁** 4g, **백작약** 4g, **숙지황** 4g
양념장 : **간장** 1/2컵, **다진 마늘** 2큰술

찜·선 재료 준비하기

1. 닭은 깨끗이 손질하여 찬물에 담가 핏물을 뺀다.
2. 사물탕을 연하게 우려 체에 거른다.
3. 당근, 감자, 양파는 껍질을 벗기고 한입 크기로 썰어 가장자리를
   둥글려 준비한다.

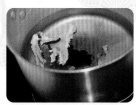

찜·선 양념장 만들기

4. 간장, 설탕, 물엿, 소금, 고춧가루, 고추장, 다진 마늘을 배합하여
   양념장을 만든다.

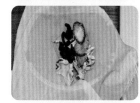

찜·선 조리하기

5. 냄비에 연하게 우린 사물탕을 붓고 양념장을 넣어 끓인다.
6. 냄비에 닭, 감자, 당근, 양파를 넣고 끓이며 조리한다.

찜·선 담아 완성하기

7. 재료들이 다 익으면 불을 끄고 그릇에 담아 완성한다.

성미귀경

	性(성질)	味(맛)	歸經(귀경)
당귀	溫(따뜻하다)	甘, 辛(달고 맵다)	心(심), 肝(간), 脾(비)
천궁	溫(따뜻하다)	辛(맵다)	肝(간), 膽(담), 心(심)
백작약	微寒(약간 차다)	微苦, 微甘(약간 쓰고 약간 달다)	脾(비), 肺(폐), 肝(간)
숙지황	溫(따뜻하다)	甘, 微苦(달고 약간 쓰다)	心(심), 肝(간), 腎(신)

 효능 여성들의 빈혈과 생리불순, 생리통에 좋다. 주로 혈병과 월경병에 도움이 된다.

고추냉이가지선

재료

가지 1개, **건무화과** 20g, **부추** 50g, **깻잎순** 50g, **청·홍고추** 각 1개
양념장 : 간장 1큰술, **고추냉이** 1작은술, **물엿** 2큰술, **설탕** 1작은술,
소금 1작은술

찜·선 재료 준비하기

1. 말린 무화과를 먹기 좋은 질감이 되도록 삶아준다.
2. 가지를 필러로 얇게 슬라이스한다.
3. 가지, 부추, 깻잎순을 끓는 소금물에 살짝 데친다.
4. 고추는 씨를 빼고 길게 채썰어 준비한다.

찜·선 양념장 만들기

5. 간장, 고추냉이, 소금, 설탕, 물엿을 배합하여 양념장을 만든다.

찜·선 조리하기

6. 가지를 길게 펴고 아래쪽에 부추, 깻잎순, 고추를 올리고 돌돌 만다.
7. 팬을 달구고 가지말이를 살짝 익히다가 무화과, 양념장을 함께 넣고 조리한다.

찜·선 담아 완성하기

8. 그릇에 가지선을 담아 완성한다.

성미귀경

	性(성질)	味(맛)	歸經(귀경)
무화과	凉(서늘하다)	甘(달다)	肺(폐), 胃(위), 大腸(대장)
고추냉이	溫(따뜻하다)	辛苦(맵고 쓰다)	肺(폐), 胃(위), 脾(비)

 효능 열을 내리고 진액을 만들며 인후를 편하게 하는 효능이 있으며 비장을 튼튼하게 하고 위를 열어주며 장을 맑게 하는 작용과 해독소종작용이 있다. 식욕증진, 살균작용에도 효과가 있다.

감송향두부선

재료

감송향 5g, **택사** 5g, **두부** 1/4모, **복령가루** 1/2작은술, **산약가루** 1/2큰술,
닭고기 100g, **표고** 1개, **당근** 1/6개, **마늘** 3쪽, **대파** 1토막, **달걀** 1개,
은행 5알, **통깨** 1/2큰술

찜·선 재료 준비하기

1. 감송향과 택사를 약불에서 30분 정도 달인 물에 두부를 넣어 한소 끔 끓인다.
2. 두부는 건져서 물기를 제거한 후 곱게 으깬다.
3. 닭고기는 곱게 다지고, 당근과 표고버섯은 가로세로 0.3cm 정도 로 다져서 준비한다.

찜·선 조리하기

4. 으깬 두부와 닭고기, 다진 채소에 복령가루, 산약가루, 다진 마늘, 다진 파, 통깨, 달걀 흰자, 소금을 넣고 함께 고루 섞어준다.
5. 모양틀에 잘 눌러 담는다.
6. 찜통에 면보를 깔고 20분 정도 쪄낸다.
7. 두부선이 식으면 틀에서 꺼내 적당한 크기로 썰어 조리한다.

찜·선 담아 완성하기

8. 그릇에 두부선을 담고 고명으로 은행을 올려 완성한다.

성미귀경

	性(성질)	味(맛)	歸經(귀경)
감송향	溫(따뜻하다)	甘, 辛(달고 맵다)	脾(비), 胃(위)
택사	寒(차다)	苦(쓰다)	膀胱(방광), 腎(신)
복령	平(평하다)	甘(달다)	心(심), 脾(비), 腎(신)
산약	平(평하다)	甘(달다)	脾(비), 肺(폐), 腎(신)

 효능 소화기의 운동을 촉진하고 진통작용이 있어 위통, 두통 및 속이 더부룩할 때 좋으며, 몸의 붓기가 사라지고 소변을 시원스럽게 봐서 몸이 가벼워지는 효능이 있다.

숙지황우엉우육장조림

재료

숙지황 5g, **우엉** 200g, **우육(소고기)** 300g, **설탕** 1큰술,
물엿 5큰술, **통깨** 적당량
양념장 : 간장 10큰술, **소금** 1작은술

조림 · 볶음 · 초 재료 준비하기

1. 냄비에 물을 붓고 숙지황을 우려 준비한다.
2. 우엉은 길게 편으로 썰어 준비한다.

조림 · 볶음 · 초 양념장 만들기

3. 간장, 설탕, 물엿, 소금을 배합하여 양념장을 만든다.

조림 · 볶음 · 초 조리하기

4. 소고기 덩어리와 길게 편으로 썬 우엉을 숙지황 우린 물에 삶는다.
5. 고기는 건져내어 손으로 찢어서 다시 넣는다.
6. 양념장을 넣고 같이 끓이면서 윤기나게 조린다.

조림 · 볶음 · 초 담아 완성하기

7. 그릇에 담고 고명으로 통깨를 뿌려 완성한다.

성미귀경

	性(성질)	味(맛)	歸經(귀경)
숙지황	溫(따뜻하다)	甘, 微苦(달고 약간 쓰다)	心(심), 肝(간), 腎(신)
우육	溫(따뜻하다)	甘(달다)	脾(비), 胃(위)
우엉	寒(차다)	辛苦(맵고 쓰다)	肺(폐), 胃(위), 肝(간)

 효능 몸과 혈액이 허약하여 생기는 질병 및 골다공증을 예방하고 독소를 제거하여 면역력을 높인다.

곽향고등어무조림

재료

고등어 1마리, **곽향** 5g, **무** 200g, **통후추** 1작은술, **쌀가루** 1큰술,
대파 1뿌리, **마늘** 2쪽, **고춧가루** 1큰술, **소금** 1작은술, **홍고추** 1개

조림 · 볶음 · 초 재료 준비하기

1. 곽향과 통후추를 함께 끓여 체에 걸러 한방 채수를 준비한다.
2. 고등어는 머리와 꼬리를 제거하고 손질한다.
3. 물에 쌀가루를 풀어서 고등어를 담근다.
4. 대파는 어슷썰고 무는 큼직하게 썰어 준비한다.

조림 · 볶음 · 초 양념장 만들기

5. 다진 마늘, 고춧가루, 소금을 배합하여 양념장을 만든다.

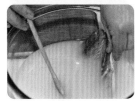

조림 · 볶음 · 초 조리하기

6. 냄비에 무를 깐 뒤 한방 채수를 붓고 끓인다.
7. 무가 익으면 고등어를 넣고 홍고추, 파, 양념장을 넣고 국물이 자작해질 때까지 졸이며 조리한다.

조림 · 볶음 · 초 담아 완성하기

8. 조림을 그릇에 담아 완성한다.

성미귀경

	性(성질)	味(맛)	歸經(귀경)
곽향	微溫(약간 따뜻하다)	辛(맵다)	肺(폐), 脾(비), 胃(위)
고등어	溫(따뜻하다)	甘鹹(달고 짜다)	腎(신), 肺(폐), 脾(비)
후추	溫(따뜻하다)	辛(맵다)	胃(위), 大腸(대장)

 효능 핏줄을 튼튼히 하여 뇌졸중 등의 예방에 좋다. 몸이 허약해지고 소화력이 떨어질 때도 효과가 있다.

맥문동멸치조림

재료

맥문동 100g, **멸치** 100g, **마늘** 3쪽, **길경조청** 1큰술, **식용유** 2큰술
양념장 : 간장 1.5큰술, 올리고당 1큰술

조림·볶음·초 재료 준비하기

1. 맥문동을 씻어 물에 불린다.
2. 냄비에 불린 맥문동과 물 600ml를 넣어 삶아낸다.
3. 마늘은 편으로 썬다.
4. 멸치는 체에 밭쳐 가볍게 털어서 가루를 제거해 주고 팬에 살짝 볶아서 수분을 날려 준비한다.

조림·볶음·초 양념장 만들기

5. 간장과 올리고당으로 양념장을 만든다.

조림·볶음·초 조리하기

6. 맥문동이 부드럽게 삶아지면 양념장을 넣고 조린다.
7. 팬에 기름을 넉넉히 두르고 멸치를 바삭하게 볶아준다.
8. 조려진 맥문동에 볶은 멸치와 편으로 썬 마늘을 넣어 버무리듯 섞은 뒤, 길경조청을 넣어 한 번 더 가볍게 조린다.

조림·볶음·초 담아 완성하기

9. 그릇에 조림을 담아 완성한다.

성미귀경

	性(성질)	味(맛)	歸經(귀경)
맥문동	微寒(약간 차다)	甘, 微苦(달고 약간 쓰다)	肺(폐), 胃(위), 心(심)
길경(도라지)	平(평하다)	辛, 苦(맵고 쓰다)	肺(폐)

효능 항산화 작용, 혈류량 촉진, 진정, 면역 증강, 혈당 강하 등의 효과가 있다.

백과전복초

재료

백과(은행) 2큰술, **전복** 3마리, **숙지황** 5g, **참기름** 1큰술
양념장 : **진간장** 2큰술, **백설탕** 2/3큰술, **물엿** 1큰술, **다진 마늘** 1작은술

조림 · 볶음 · 초 재료 준비하기

1. 냄비에 물을 붓고 숙지황을 넣고 끓이다가 색이 우러나면 숙지황
   은 건지고 그 물에 전복을 넣어 삶는다.
2. 전복을 건져내어 껍질과 분리하여 칼집을 넣거나 보기 좋게 자른
   다.
3. 은행은 속껍질을 제거하고, 마늘은 곱게 다져 준비한다.

조림 · 볶음 · 초 양념장 만들기

4. 간장, 설탕, 물엿, 다진 마늘을 배합하여 양념장을 만든다.

조림 · 볶음 · 초 조리하기

5. 냄비에 전복, 양념장, 은행을 넣고 국물이 3큰술 남을 때까지 조린
   다.
6. 불을 끄고 참기름을 버무려 조리한다.

조림 · 볶음 · 초 담아 완성하기

7. 그릇에 전복초를 담아 완성한다.

성미귀경

	性(성질)	味(맛)	歸經(귀경)
전복	溫(따뜻하다)	鹹(짜다)	肝(간), 腎(신)
백과(은행)	平(평하다)	甘苦澁(달고 쓰고 떫다)	肺(폐), 腎(신)
두부	凉(서늘하다)	甘(달다)	脾(비), 胃(위), 大腸(대장)
느타리	平(평하다)	甘(달다)	脾(비), 胃(위)

효능 심장을 튼튼하게 하고 신장을 좋게 하여 소화를 돕고 식욕을 촉진시켜 몸이 허한 사람이나 환자에게 좋다.

용안육홍합초

재료

용안육 50g, **홍합살** 200g, **마늘** 3쪽, **들기름** 1큰술
양념 : 간장 2큰술, **물엿** 2큰술, **설탕** 1큰술

조림 · 볶음 · 초 재료 준비하기

1. 끓는 물에 홍합살을 데친다.
2. 용안육은 이물질을 제거하고, 마늘은 편으로 썰어 준비한다.

조림 · 볶음 · 초 양념장 만들기

3. 간장, 물엿, 설탕을 섞어 양념장을 만든다.

조림 · 볶음 · 초 조리하기

4. 냄비에 홍합살, 마늘, 양념장, 용안육을 넣고 윤기나게 조린다.
5. 불을 끄고 들기름을 넣어 조리한다.

조림 · 볶음 · 초 담아 완성하기

6. 그릇에 홍합초를 담아 완성한다.

성미귀경

	性(성질)	味(맛)	歸經(귀경)
홍합	溫(따뜻하다)	鹹(짜다)	肝(간), 腎(신)
용안육	溫(따뜻하다)	甘(달다)	心(심), 脾(비)

 피를 만들고 간을 보하여 허약 체질 · 빈혈 · 식은땀 · 현기증 등에 좋다.

팔각낙지볶음

재료

팔각 5g, **낙지** 1마리, **밀가루** 1큰술, **소금** 1큰술, **양파** 1/2개, **양배추** 100g, **통후추** 1작은술, **참기름** 1큰술
양념 : 고추장 1큰술, **고춧가루** 1큰술, **생강가루** 1/2작은술,
다진 마늘 1작은술, **물엿** 1큰술, **설탕** 1/2큰술, **간장** 1/2큰술, **소금** 1작은술,
한방 채수 5큰술

조림 · 복음 · 초 재료 준비하기

1. 볼에 낙지를 넣고 밀가루와 소금을 넣어 바득바득 문지른다.
2. 낙지는 물에 헹궈 5cm 길이로 토막낸다.
3. 마늘은 다지고, 양파와 양배추는 큼직하게 채썬다.
4. 냄비에 팔각과 통후추를 넣고 한방 채수를 우려 준비한다.

조림 · 복음 · 초 양념장 만들기

5. 고추장, 고춧가루, 생강가루, 다진 마늘, 물엿, 설탕, 간장, 소금, 한
   방 채수를 배합하여 양념장을 만든다.

조림 · 복음 · 초 조리하기

6. 팬에 기름을 두르고 양파, 양배추를 볶는다.
7. 낙지와 양념장을 넣고 볶는다.
8. 낙지가 익으면 불을 끄고 참기름을 버무려 조리한다.

조림 · 복음 · 초 담아 완성하기

9. 그릇에 낙지볶음을 담아 완성한다.

성미귀경

	性(성질)	味(맛)	歸經(귀경)
팔각	溫(따뜻하다)	甘, 辛(달고 맵다)	肝(간), 腎(신), 脾(비), 胃(위)
낙지	寒(차다)	甘, 鹹(달고 짜다)	脾(비)

 효능 기의 순환을 촉진시켜 기혈이 모두 부족하고 영양이 불량한 사람에게 좋으며 피부가 건조하거나 거친 사람의 피부를 윤택하게 하는 효능이 있다.

고련피돈육불고기볶음

재료

고련피 5g, **돈육(돼지고기)** 150g, **양파** 1/2개, **청·홍고추** 각 1개씩,
산나물 100g
양념 : 간장 1큰술, **물엿** 3큰술, **마늘** 1큰술, **설탕** 1큰술, **고추장** 2큰술,
고춧가루 1큰술, **소금** 적당량, **생강가루** 3g, **식용유** 1큰술

조림 · 볶음 · 초 재료 준비하기

1. 고련피 우린 물을 체에 걸러 식혀서 준비한다.
2. 고련피물에 고기를 담가 핏물을 제거한다.
3. 핏물이 제거된 고기는 한입 크기로 썬다.
4. 양파는 굵게 썰고, 고추는 어슷썬다.

조림 · 볶음 · 초 양념장 만들기

5. 간장, 물엿, 다진 마늘, 설탕, 고추장, 소금, 고춧가루, 고추장,
   생강가루를 배합하여 양념을 만든다.

조림 · 볶음 · 초 조리하기

6. 냄비에 식용유를 두르고 채소를 볶다가 양념과 고기를 넣고 함께
   볶는다.
7. 고기가 충분히 익혀지면 산나물을 넣고 가볍게 볶아 조리한다.

조림 · 볶음 · 초 담아 완성하기

8. 그릇에 고련피돈육불고기볶음을 담아 완성한다.

성미귀경

	性(성질)	味(맛)	歸經(귀경)
고련피	寒(차다)	苦(쓰다)	肝(간), 脾(비), 胃(위)
돈육	寒(차다)	甘, 鹹(달고 짜다)	脾(비), 胃(위), 腎(신)

 효능 : 고련피는 구충제로 효과가 뛰어나 기생충 제거에 사용하면 좋다.
주의사항 : 고련피는 유독하다. 몸이 차고 허약한 사람이나 간염환자는 섭취하지 않도록 한다.

반건시찹쌀전

재료

반건시 1개, **찹쌀가루** 1컵, **소금** 1/2작은술, **완두앙금** 1컵, **호두** 20g,
꿀 2큰술, **계핏가루** 2g, **생수** 5큰술, **식용유** 5큰술

전·튀김 재료 준비하기

1. 찹쌀가루는 체에 한 번 곱게 내려준다.
2. 뜨거운 물에 소금을 섞는다.
3. 호두는 다져서 완두앙금과 섞어 소를 만들어 4cm 길이의 막대모
   양으로 빚어 준비한다.

전·튀김 조리하기

4. 익반죽을 하여 큰 새알모양으로 빚는다.
5. 반건시에 꿀, 계핏가루, 생수를 첨가하여 체에 걸러 소스를 만든
   다.
6. 찹쌀 반죽을 지름 7cm의 원모양으로 빚는다.
7. 팬에 식용유를 두르고 찹쌀반죽을 약불에서 굽는다.
8. 반죽이 익으면 뒤집어 앙금소를 한쪽에 올리고 반을 접어 반죽이
   떨어지지 않게 조리한다.

전·튀김 담아 완성하기

9. 접시에 구운 찹쌀 반죽을 담고 소스를 끼얹어 완성한다.

성미귀경

	性(성질)	味(맛)	歸經(귀경)
건시	平(평하다)	甘(달다)	心(심), 肺(폐), 大腸(대장)
꿀	平(평하다)	甘(달다)	肺(폐), 脾(비), 大腸(대장)
찹쌀	溫(따뜻하다)	甘(달다)	脾(비), 胃(위), 肺(폐)

 효능 심장과 폐를 튼튼하게 해주고 갈증을 없애주며 소화기능뿐만 아니라 숙취해소에도 도움이 된다.

녹두전

재료

거피녹두 1컵, **찹쌀가루** 1/2컵, **밀가루** 1/2컵, **소금** 1작은술,
돼지고기 50g, **숙주** 50g, **후추** 2g, **생강** 5g, **쑥갓** 약간

전 · 튀김 재료 준비하기

1. 거피녹두는 물에 충분히 불려 믹서로 갈아준다.
2. 갈아놓은 녹두에 찹쌀가루, 밀가루, 소금을 넣고 반죽한다.
3. 끓는 물에 거두절미한 숙주를 데쳐 찬물에 헹궈 물기를 짜고 송송 썬다.
4. 돼지고기는 잘게 썰어 소금, 후추, 생강즙을 넣고 밑간을 하여 준비한다.

전 · 튀김 조리하기

5. 녹두반죽에 숙주와 돼지고기를 넣고 섞는다.
6. 팬에 식용유를 두르고 반죽을 넓게 펼쳐 굽는다.
7. 쑥갓을 익지 않은 쪽에 올리고 서서히 익히며 구워서 조리한다.

전 · 튀김 담아 완성하기

8. 그릇에 보기 좋게 담아 완성한다.

성미귀경

	性(성질)	味(맛)	歸經(귀경)
녹두	寒(차다)	甘(달다)	心(심), 肝(간), 胃(위)
숙주	凉(서늘하다)	甘(달다)	心(심), 胃(위)

 효능　원기를 보해주고 정신을 안정시킨다. 몸에 쌓인 노폐물을 해독시켜 소변으로 배출시키는 효능이 있다. 중금속 배출도 촉진시킨다.

산초장떡전

재료

산초잎 100g, **밀가루** 1컵, **된장** 1큰술, **고추장** 1큰술, **식용유** 3큰술

전·튀김 재료 준비하기

1. 산초잎은 깨끗이 손질하여 송송 썬다.
2. 밀가루는 체를 쳐서 준비한다.

전·튀김 조리하기

3. 밀가루에 된장, 고추장, 산초잎을 넣고 물을 조금씩 넣어가며 반죽해 준다.
4. 팬에 식용유를 두르고 한입 크기로 둥글게 지져 구워서 조리한다.

전·튀김 담아 완성하기

5. 접시에 보기 좋게 담아 완성한다.

성미귀경

	性(성질)	味(맛)	歸經(귀경)
산초	溫(따뜻하다)	辛(맵다)	肺(폐), 脾(비), 腎(신), 胃(위)

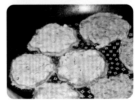

 효능 이를 튼튼하게 하고 탈모에도 좋다. 이뇨작용이 있어 몸이 부었을 때나 출혈증상에 효과가 있다.

도토리배추전

재료

도토리가루 2큰술, **배추잎** 4장, **밀가루** 1컵, **표고가루** 1큰술, **소금** 약간,
청·홍고추 각 2개, **표고버섯** 6장, **식용유** 4큰술

전 · 튀김 재료 준비하기

1. 배추잎을 끓는 물에 소금을 넣고 살짝 데친다.
2. 데친 배추잎의 물기를 제거한다.
3. 볼에 밀가루, 도토리가루, 표고가루, 물, 소금을 넣고 조금 되직하게 반죽하여 체에 거른다.
4. 표고와 고추는 채썰어 간장에 버무려 준비한다.

전 · 튀김 조리하기

5. 팬에 식용유를 두르고 표고와 고추를 볶아 소를 만든다.
6. 팬에 식용유를 두르고 배추에 도토리 반죽을 입혀 전을 굽는다.
7. 배추적을 펴서 아래쪽에 소를 넣고 돌돌 말아 조리한다.

전 · 튀김 담아 완성하기

8. 먹기 좋게 썰어 그릇에 담아 완성한다.

성미귀경

	性(성질)	味(맛)	歸經(귀경)
도토리	微溫(약간 따뜻하다)	苦, 澁(쓰고 떫다)	脾(비), 腎(신), 大腸(대장)
배추	平(평하다)	甘(달다)	胃(위), 大腸(대장)

 효능 위궤양이나 소화불량, 고혈압 등의 심혈관질환에 효과가 있으며, 치질을 치료하고 지혈작용을 하여 출혈을 멈추는 데도 효과가 있다.

인삼대추특김

재료

인삼 1부리, **대추** 10개, **찹쌀가루** 5큰술, **소금** 1작은술, **꿀** 2큰술,
튀김용 식용유 적량

전·튀김 재료 준비하기

1. 인삼은 깨끗이 씻어 대추길이보다 길고 가늘게 채친다.
2. 대추는 돌려깎기하여 준비한다.

전·튀김 조리하기

3. 채친 인삼에 찹쌀가루를 살짝 섞어 대추에 넣고 꼭꼭 눌러가며 말 아준다.
4. 볼에 물, 소금, 찹쌀가루를 넣고 튀김옷을 만든다.
5. 말아놓은 인삼대추에 찹쌀가루를 살짝 묻혀준다.
6. 튀김 기름을 준비하여 튀김옷을 입혀 튀겨낸다.
7. 키친타월 위에 올려 기름기를 제거하며 조리한다.

전·튀김 담아 완성하기

8. 접시에 보기 좋게 담고 꿀과 함께 담아 완성한다.

성미귀경

	性(성질)	味(맛)	歸經(귀경)
인삼	微溫(약간 따뜻하다)	甘微苦(달고 약간 쓰다)	脾(비), 肺(폐), 腎(신)
대추	溫(따뜻하다)	甘(달다)	心(심), 脾(비), 胃(위)

 효능 간장을 튼튼하게 하고 혈액순환을 촉진시켜 체내 독소와 노폐물을 배출시킨다. 기운을 돋우고 폐기능을 강화하는 데 효과가 있다.

사삼특김

재료

사삼(더덕) 2뿌리, **전분가루** 3큰술, **달걀** 2개, **빵가루** 5큰술,
튀김용 식용유 적량

전·튀김 재료 준비하기

1. 더덕은 깨끗이 씻은 뒤 껍질을 벗겨 반으로 가른다.
2. 달걀을 풀어 달걀물을 만들어 준비한다.

전·튀김 조리하기

3. 더덕에 전분가루를 묻힌다.
4. 달걀물에 담갔다가 빵가루를 입힌다.
5. 온도가 160℃ 정도의 기름에 준비한 더덕을 튀긴다.
6. 키친타월에 올려 기름기를 제거하며 조리한다.

전·튀김 담아 완성하기

7. 접시에 보기 좋게 담아 완성한다.

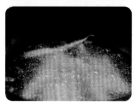

성미귀경

	性(성질)	味(맛)	歸經(귀경)
사삼(더덕)	平(평하다)	甘(달다)	肝(간), 大腸(대장), 肺(폐)

 효능 열을 내리고 독을 없애고, 담을 제거하고 고름을 없앤다. 또한 산모들의 젖을 잘 나오게 하는 효능도 있다.

연근튀김양념무침

재료

연근 200g, **튀김용 식용유** 적량
양념장 : 청·홍고추 각 1개, **마늘** 1쪽, **고춧가루** 2큰술, **간장** 2큰술,
참기름 1큰술, **검은깨** 1작은술, **설탕** 1/2작은술, **꿀** 2큰술

전·튀김 재료 준비하기

1. 연근은 깨끗이 손질하여 물기를 제거한다.
2. 청·홍고추와 마늘은 다져서 준비한다.

전·튀김 조리하기

3. 연근은 180℃ 정도의 기름에 5분가량 튀겨 키친타월에 올려 기름기를 제거한다.
4. 볼에 고춧가루, 다진 고추, 다진 마늘, 참기름, 검은깨, 간장, 설탕, 물엿을 넣고 양념장을 만든다.
5. 양념장에 잘 튀겨진 연근을 넣고 버무려 조리한다.

전·튀김 담아 완성하기

6. 그릇에 보기 좋게 담아 완성한다.

성미귀경

	性(성질)	味(맛)	歸經(귀경)
연근(익힌 것)	溫(따뜻하다)	甘(달다)	心(심), 肝(간), 脾(비), 胃(위)
고추	熱(뜨겁다)	辛(맵다)	脾(비), 胃(위)

효능 빈혈이나 체질이 허약한 사람 또는 영양불량에 좋으며 고혈압, 고지혈증, 변비, 간질환자에 도움이 된다.

건강표고고추장구이

재료

표고 6장, **생강가루** 1/2작은술, **간장** 1큰술, **들기름** 1큰술
양념장 : **고추장** 1큰술, **고춧가루** 1큰술, **물엿** 2큰술, **설탕** 1/2작은술

구이 재료 준비하기

1. 불린 표고는 물기를 꼭 짠 뒤 기둥을 떼고 준비한다.

구이 양념장 만들기

2. 고추장, 고춧가루, 간장, 물엿, 설탕을 넣고 양념장을 만든다.

구이 조리하기

3. 표고에 간장, 들기름, 생강가루를 약간 넣고 밑간을 한다.
4. 팬에 들기름을 두르고 밑간한 표고를 애벌구이한다.
5. 애벌구이한 표고에 양념장을 묻혀 구워가며 조리한다.

구이 담아 완성하기

6. 그릇에 표고구이를 담아 완성한다.

성미귀경

	性(성질)	味(맛)	歸經(귀경)
표고	平(평하다)	甘(달다)	肝(간), 胃(위)
건강	溫(따뜻하다)	辛(맵다)	脾(비), 胃(위), 肺(폐)

효능 찬 기운을 없애고 구토를 멈추게 하고 가래를 삭이며 기침을 멈추게 하는 효능이 있으며 생선이나 게 또는 버섯의 독을 없애는 효능이 있다. 정기를 강화시키고 혈지방을 낮추고 기혈을 보한다.

산약당근구이

재료

산약 1개, **당근** 1개, **소금** 1큰술, **전분가루** 3큰술, **식용유** 적량
소스 : 된장 1큰술, **매실액** 1큰술, **청양고추** 1/2개, **양파** 1/2개

구이 재료 준비하기

1. 산약을 깨끗이 씻어 껍질을 제거하고 길게 4등분한다.
2. 끓는 물에 소금을 넣고 산약을 데친다.
3. 산약을 건져 물기를 제거한다.
4. 당근을 0.5cm 두께로 썰어 돌려깎기한 뒤 소금물에 절였다가 건
   져 물기를 제거하여 준비한다.

구이 양념장 만들기

5. 된장, 매실액, 청양고추, 양파를 넣고 갈아 소스를 만든다.

구이 조리하기

6. 산약을 전분가루에 살짝 묻혀 당근으로 돌돌 말아준다.
7. 기름에 튀기듯 구워낸다.
8. 키친타월에 올려 기름기를 제거하며 조리한다.

구이 담아 완성하기

9. 접시에 산약당근구이를 담고 소스를 곁들여 완성한다.

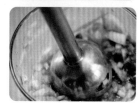

성미귀경

	性(성질)	味(맛)	歸經(귀경)
산약	平(평하다)	甘(달다)	肺(폐), 脾(비), 腎(신), 胃(위)
당근	平(평하다)	甘微辛(달고 약간 맵다)	脾(비), 肝(간), 肺(폐)

 효능 몸과 마음이 허약하고 피로하여 여윈 것을 보하고 오장을 튼튼하게 한다. 기력을 돕고 살이 찌게 하며 비
장과 뼈와 힘줄을 튼튼하게 한다. 어린이 성장발육에 좋다.

한근생채

재료

한근(셀러리) 100g, **피망(노랑, 주황, 녹색)** 각 1/2개씩
소스 : **설탕** 1큰술, **간장** 1큰술, **소금** 1작은술, **참기름** 1작은술,
흰깨 1/2큰술, **검은깨** 1/2큰술

생채 · 숙채 · 회 재료 준비하기

1. 셀러리는 손질하여 어슷썰기한다.
2. 피망은 길게 채썰어 준비한다.

생채 · 숙채 · 회 조리하기

3. 설탕, 간장, 소금, 깨, 참기름을 넣어 소스를 만든다.
4. 셀러리와 피망에 소스를 넣고 가볍게 섞어가며 조리한다.

생채 · 숙채 · 회 담아 완성하기

5. 그릇에 먹기 좋게 담아 완성한다.

성미귀경

	性(성질)	味(맛)	歸經(귀경)
한근(셀러리)	寒(차다)	甘辛微苦(달고 맵고 약간 쓰다)	肝(간), 胃(위), 肺(폐)
피망	溫(따뜻하다)	甘(달다)	脾(비), 胃(위), 肺(폐)

 효능 간의 기운을 안정시키고 열을 내리며 풍을 제거하고 수액대사를 활발하게 하며 지혈작용과 해독작용이 있다. 위를 튼튼하게 하고 혈압을 내리고 혈지방을 낮추는 효능이 있다. 또한 피로회복, 감기예방, 면역력 증가에도 좋다.

당귀무쌈생채

재료

당귀잎 50g, **무쌈용 무** 10장, **적채** 30g, **무순** 20g, **팽이버섯** 50g
소스 : **소금** 1작은술, **설탕** 1/2큰술, **홍초** 1큰술

생채 · 숙채 · 회 재료 준비하기

1. 적채는 채썬다.
2. 당귀는 잎만 사용하고, 무순, 팽이버섯은 밑둥을 자른다.

생채 · 숙채 · 회 조리하기

3. 무쌈용 무 위에 당귀잎을 깔고 무순, 팽이버섯을 올려 돌돌 말아 준다.
4. 소금, 설탕, 홍초를 넣고 소스를 만든다.

생채 · 숙채 · 회 담아 완성하기

5. 접시에 무쌈말이를 올리고 소스를 끼얹어 완성한다.

성미귀경

	性(성질)	味(맛)	歸經(귀경)
당귀잎	溫(따뜻하다)	甘辛苦(달고 맵고 쓰다)	心(심), 肝(간), 脾(비)
무	寒(차다)	辛(맵다)	肺(폐), 胃(위)
적채	平(평하다)	甘(달다)	脾(비), 胃(위)

효능 피를 맑게 하여 위장을 튼튼하게 하고 소화를 잘 시키며 가래를 없애 기침을 멈추게 하고 기운을 아래로 내리면서 중초를 넓혀주어 속을 편하게 해주는 작용이 있으며 진액을 만들어 갈증을 해소한다. 또한 신장을 보하고 근골을 강하게 한다.

모듬버섯잡채

재료

표고버섯 2장, **만가닥버섯** 50g, **느타리버섯** 50g, **당면** 100g,
양파 1/2개, **당근** 1/4개, **시금치** 50g, **간장** 1/2컵, **참기름** 2큰술,
식용유 적량

생채 · 숙채 · 회 재료 준비하기

1. 양파와 당근은 채썰고, 시금치는 듬성듬성 자른다.
2. 표고버섯은 기둥을 뗀 뒤 채썰고 나머지 버섯은 밑둥을 자르고 하나씩 떼어서 준비한다.
3. 당면은 찬물에 불려 씻어서 준비한다.

생채 · 숙채 · 회 조리하기

4. 팬에 식용유를 두르고 양파, 버섯, 시금치, 당근을 차례로 각각 볶아 식힌다.
5. 냄비에 간장을 붓고 당면을 삶는다.
6. 팬에 참기름을 두르고 삶은 당면을 볶는다.
7. 볼에 볶은 재료들을 담고 참기름을 넣어 섞는다.

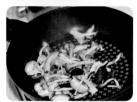

생채 · 숙채 · 회 담아 완성하기

8. 그릇에 보기 좋게 담아 완성한다.

성미귀경

	性(성질)	味(맛)	歸經(귀경)
느타리	平(평하다)	甘(달다)	脾(비), 胃(위)
양파	溫(따뜻하다)	甘, 辛(달고 맵다)	肺(폐), 大腸(대장), 胃(위)
시금치	凉(서늘하다)	甘(달다)	肝(간), 胃(위), 大腸(대장), 小腸(소장)

 효능 기운을 내고 위장을 튼튼하게 하며 양혈(養血)과 지혈(止血)작용이 있으며 간 기운을 안정시키고 건조한 것을 윤택하게 하며 위와 장을 잘 통하게 하는 작용이 있다. 숙취해소에도 좋다.

오리삼색나물숙채

재료

훈제오리고기 300g, **도라지** 50g, **고사리** 50g, **시금치** 50g, **마늘** 10쪽
소스 : 두부 1/4모, **식초** 2큰술, **요구르트** 1/2병, **검은깨** 3큰술,
인삼 1뿌리

생채 · 숙채 · 회 재료 준비하기

1. 도라지, 고사리, 시금치는 깨끗이 손질하여 5cm 길이로 썬다.
2. 끓는 물에 소금을 넣고 도라지, 고사리, 시금치를 각각 삶아 체에 건진다.
3. 마늘은 편으로 썰어 준비한다.

생채 · 숙채 · 회 조리하기

4. 달군 팬에 오리고기를 구워 오리고기는 건져내고 오리기름에 마늘을 노릇노릇하게 튀기듯 볶는다.
5. 믹서기에 두부, 식초, 요구르트, 검은깨, 인삼을 넣고 갈아 소스를 만든다.
6. 볼에 나물, 오리고기, 소스를 넣고 버무리며 조리한다.

생채 · 숙채 · 회 담아 완성하기

7. 그릇에 담고 볶은 마늘을 고명으로 올려 완성한다.

성미귀경

	性(성질)	味(맛)	歸經(귀경)
오리	寒(차다)	微鹹甘(약간 짜고 달다)	肺(폐), 脾(비), 腎(신), 胃(위)
도라지	平(평하다)	辛, 苦(맵고 쓰다)	肺(폐)
고사리	寒(차다)	甘(달다)	肝(간), 肺(폐), 胃(위), 大腸(대장)
두부	寒(차다)	甘(달다)	脾(비), 胃(위), 大腸(대장)

 효능 열을 내리고 습을 제거하며 해독하고 진액을 만들며 기운을 돕고 지혈작용을 한다. 허약한 증상을 보하고 위를 튼튼하게 하며 수액대사를 활발하게 한다.

오미자새송이버섯초회

재료

오미자 2큰술, **새송이버섯** 2개, **만가닥버섯** 100g
초회소스 : 오미자물 5큰술, **식초** 1큰술, **소금** 1/2작은술, **설탕** 1큰술

생채 · 숙채 · 회 재료 준비하기

1. 새송이버섯은 밑둥을 잘라 길게 자르고 나머지 버섯들은 하나씩
   떼어 준비한다.

생채 · 숙채 · 회 조리하기

2. 오미자물을 충분히 우려준다.
3. 오미자물에 식초, 소금, 설탕을 넣고 잘 섞어 초회소스를 만든다.
4. 버섯을 초회소스에 넣고 절여지도록 조리한다.

생채 · 숙채 · 회 담아 완성하기

5. 그릇에 먹기 좋게 담아 완성한다.

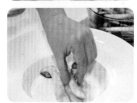

성미귀경

	性(성질)	味(맛)	歸經(귀경)
새송이버섯	平(평하다)	甘(달다)	肺(폐), 腎(신)
오미자	溫(따뜻하다)	酸, 甘(시고 달다)	肺(폐), 心(심), 腎(신)

효능   노화를 예방하며, 오미자의 풍부한 리그난성분은 신경독작용을 막아주고 뇌세포를 보호하여 뇌졸중이나
치매예방에 좋으며 피부미용에도 좋다.

정향능이초회

재료

정향 3g, **능이버섯** 100g, **깻잎** 5장, **어린잎** 50g, **마늘** 2쪽
초회소스 : 정향 우린 물 5큰술, **간장** 1/2큰술, **식초** 1큰술, **설탕** 1큰술,
소금 1/2작은술

생채 · 숙채 · 회 재료 준비하기

1. 채썬 깻잎과 어린잎은 찬물에 3분가량 담갔다가 체에 건진다.
2. 마늘은 편으로 썰고, 능이는 길게 썰어 준비한다.

생채 · 숙채 · 회 조리하기

3. 정향을 우려 체에 걸러 정향물을 만든다.
4. 능이버섯을 끓는 물에 살짝 데쳐 굵게 채썬다.
5. 정향물에 간장, 식초, 설탕, 소금을 넣고 초회소스를 만든다.

생채 · 숙채 · 회 담아 완성하기

6. 그릇에 깻잎, 어린잎, 능이, 마늘을 조화롭게 담는다.
7. 초회소스를 끼얹어 완성한다.

성미귀경

	性(성질)	味(맛)	歸經(귀경)
능이	微寒(약간 차다)	澁(떫다)	肺(폐), 胃(위)
정향	溫(따뜻하다)	辛(맵다)	脾(비), 胃(위), 腎(신)
깻잎	溫(따뜻하다)	辛(맵다)	肺(폐), 脾(비)

 효능 찬 기운을 몰아내고 땀이 나게 하며 건위작용과 중초를 넓혀 기운을 활발하게 하며 면역력을 높여 각종 질병을 예방하는 데 좋다.

겨우살이백김치

재료

겨우살이 50g, **절인 배추** 1포기, **무** 1/2개, **당근** 1개, **소금** 2컵, **생강** 1큰술,
마늘 5큰술, **배** 1/4개, **양파** 1개, **청·홍고추** 각 1개씩, **찹쌀가루** 1큰술,
석이버섯 5g, **생수** 2L

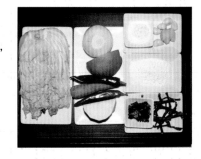

김치 재료 준비하기

1. 무와 당근은 채썰어 소금에 절인다.
2. 겨우살이를 생수 2L에 넣고 삶아 체에 그 물을 거른다.
3. 겨우살이 삶은 물에 찹쌀풀을 쑨다.
4. 석이버섯은 채썰어 준비한다.
5. 냄비에 물과 겨우살이를 넣고 끓여 체에 걸러 겨우살이물을 만든다.
6. 청·홍고추는 반으로 갈라 씨를 제거하고 5cm로 길고 가늘게 채썰 어 준비한다.

김치 양념 배합하기

7. 겨우살이 찹쌀풀에 생강, 마늘, 배, 양파, 소금을 넣고 믹서기로 갈 아 양념을 배합한다.

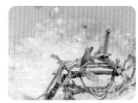

김치 담그기

8. 볼에 절인 무, 당근과 채썬 고추, 석이버섯을 넣고 4의 양념을 넣고 버무려 속을 만든다.
9. 절인 배추잎에 켜켜이 소를 채워 쌓는다.

김치 담아 완성하기

10. 그릇에 켜켜이 쌓은 김치를 담고 남은 국물을 넉넉히 부어 완성한다.

풀 쑤기

1. 찹쌀가루나 밀가루를 물과 1T : 2T의 비율로 개어둔다.
2. 냄비에 물을 적당량 넣고 끓인다. (걸쭉하게 하려면 물을 적게 넣고, 묽게 하려면 물을 넉넉히 넣는다.)
3. 물이 끓으면 개어둔 찹쌀가루나 밀가루를 넣고 저어가며 풀을 쑨다.

성미귀경

	性(성질)	味(맛)	歸經(귀경)
겨우살이	平(평하다)	苦, 甘(쓰고 달다)	肝(간), 腎(신)
마늘	溫(따뜻하다)	辛(맵다)	脾(비), 胃(위), 肺(폐), 大腸(대장)
석이버섯	平(평하다)	甘(달다)	肺(폐), 大腸(대장)

효능 풍습을 제거하고 간장과 신장을 보하며 근골을 튼튼하게 하고 해독작용과 살균작용이 있으며 혈지방을 내리고 항암작용이 있다.

갈화오이백김치

재료

갈화 5g, 오이 5개, 무 1/4개, 양파 1개, 밀가루 2큰술, 생강 1/2큰술,
마늘 3큰술, 소금 1컵, 식초 1컵, 설탕 1/2컵, 청·홍고추 각 3개씩,
생수 2L

김치 재료 준비하기

1. 냄비에 생수 2L를 붓고 갈화를 넣고 끓여 체에 걸러둔다.
2. 갈화 끓인 물에 밀가루풀을 쑨다.
3. 끝을 2cm 정도 남기고 십자로 자른 오이를 벌려 속에 소금을 뿌려 절인다.
4. 무는 채썰어 소금에 절인다.
5. 청·홍고추는 반으로 갈라 씨를 털어내고 5cm로 채썰어 준비한다.

김치 양념 배합하기

6. 갈화물에 밀가루풀과 양파, 생강, 마늘, 소금, 식초, 설탕을 넣고 갈아 양념국물을 배합한다.

김치 담그기

7. 절인 무와 당근, 채썬 고추를 섞어 소를 만든다.
8. 절인 오이에 소를 사이사이 끼워 넣는다.

김치 담아 완성하기

9. 그릇에 오이를 담고 양념국물을 체에 걸러 넉넉히 부어 완성한다.

성미귀경

	性(성질)	味(맛)	歸經(귀경)
갈화	寒(차다)	甘(달다)	胃(위)
오이	凉(서늘하다)	甘(달다)	脾(비), 胃(위), 肺(폐), 大腸(대장)
생강	溫(따뜻하다)	辛(맵다)	肺(폐), 脾(비), 胃(위)

효능 진액을 만들어 갈증을 풀어주고 열을 내리고 이뇨작용이 있어 해독작용을 한다. 더위를 견디게 하며 숙취 해소에 좋다.

열무감자김치

재료

열무 1단, **감자** 2개, **소금** 1컵, **고춧가루** 3큰술, **홍고추** 5개, **건고추** 5개,
다진 생강 1/2큰술, **다진 마늘** 5큰술, **생수** 3컵

김치 재료 준비하기

1. 열무를 적당한 크기로 썰어 소금에 절인다.
2. 냄비에 얇게 썬 감자를 생수 3컵과 함께 넣고 끓여 감자를 믹서기에 갈아 감자풀을 쑨다.
3. 건고추는 듬성듬성 썰어 물에 불려 준비한다.

김치 양념 배합하기

4. 감자풀에 불린 건고추, 고춧가루, 홍고추, 생강, 마늘, 소금을 넣고 믹서에 갈아 양념을 배합한다.

김치 담그기

5. 절인 열무에 양념을 넉넉히 넣어 버무린다.

김치 담아 완성하기

6. 용기에 옮겨 담아 완성한다.

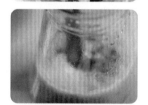

성미귀경

	性(성질)	味(맛)	歸經(귀경)
열무	寒(차다)	辛(맵다)	肺(폐), 胃(위)
감자	平(평하다)	甘(달다)	胃(위), 大腸(대장)

 효능 소화를 잘 시키고 가래를 없애주어 기침을 멈추게 하고 기운을 아래로 내리면서 중초를 넓혀주어 비위를 편하게 하며 신체를 튼튼하게 하고 신장을 돕고 해독소종, 소염작용이 있다. 비위의 기운이 약한 사람이나 영양불량인 사람에게 좋다.

치자참외김치

재료

치자 3g, **참외** 2개, **절인 배추잎** 2장, **찹쌀가루** 1큰술, **무** 1/4개,
홍고추 2개, **피망(노랑, 주황, 녹색)** 각 1/2개씩, **양파** 1/2개, **생강** 5g,
마늘 10g, **소금** 1/2컵, **석이버섯** 5g

김치 재료 준비하기

1. 치자물을 우린다.
2. 찹쌀풀을 묽게 쑨다.
3. 무는 채썰어 소금에 절인다.
4. 고추와 피망은 5cm 길이로 채썰고 석이버섯은 길이대로 채썰어 준비한다.
5. 참외를 가로로 반 잘라 속을 파내어 준비한다.

김치 양념 배합하기

6. 양파, 생강, 마늘, 묽은 찹쌀풀을 배합하여 믹서기로 갈아 치자 우린 물과 섞어 양념국물을 만든다.

김치 담그기

7. 절인 배추를 넓게 펼치고 아래쪽에 절인 무와 당근, 고추, 석이를 올려 돌돌 말아준다.
8. 참외 속에 돌돌 만 배추를 끼우고 모양대로 썰어준다.

김치 담아 완성하기

9. 참외김치를 보기 좋게 그릇에 담는다.
10. 양념국물을 체에 걸러 부어서 완성한다.

성미귀경

	性(성질)	味(맛)	歸經(귀경)
치자	寒(차다)	苦(쓰다)	心(심), 肝(간), 肺(폐), 胃(위), 三焦(삼초)
참외	寒(차다)	甘(달다)	心(심), 胃(위)

 효능 갈증을 해소하고 열을 내리며 독소를 제거하여 염증을 가라앉히는 데 탁월한 효과가 있다.

연근삼색장아찌

재료

연근 1개, **치자** 3g, **적채** 20g, **소금** 1큰술, **식초** 3큰술, **설탕** 1컵

장아찌 재료 준비하기

1. 연근을 깨끗이 씻어 껍질을 제거하고 0.5cm 두께로 썰어 끓는 물에 살짝 삶아 준비한다.
2. 치자물을 우려 체에 걸러 준비한다.
3. 적채를 곱게 갈아 면포에 짜서 적채즙을 만들어 준비한다.

장아찌 양념 배합하기

4. 치자물에 식초 2큰술, 소금 1작은술, 설탕 1/3컵을 넣어 배합한다.
5. 적채즙에 식초 2큰술, 소금 1작은술, 설탕 1/3컵을 넣어 배합한다.
6. 생수에 식초 2큰술, 소금 1작은술, 설탕 1/3컵을 넣어 배합한다.

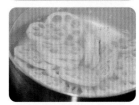

장아찌 조리하기

7. 연근을 양념한 치자물, 적채, 생수에 각각 넣어 색이 들게 조리한다.

장아찌 담아 완성하기

8. 그릇에 연근을 조화롭게 담아 완성한다.

성미귀경

	性(성질)	味(맛)	歸經(귀경)
연근(생것)	凉(서늘하다)	甘(달다)	心(심), 肝(간), 脾(비), 胃(위)
치자	寒(차다)	苦(쓰다)	心(심), 肝(간), 肺(폐), 胃(위), 三焦(삼초)
적채	平(평하다)	甘(달다)	脾(비), 胃(위)

 효능 신체를 튼튼하게 하며 내장을 윤택하게 하여 열을 내리고 해독작용을 하며 어혈을 풀어준다.

개똥쑥산약장아찌

재료

개똥쑥 10g, **산약** 1뿌리
소스 : 개똥쑥 우린 물 1컵, **간장** 5큰술, **식초** 5큰술, **설탕** 3큰술,
소금 1/2작은술

장아찌 재료 준비하기

1. 산약을 깨끗하게 씻어 껍질을 벗기고 동그랗게 썬다.
2. 썰어 놓은 산약은 끓는 물에 소금을 넣고 삶아 건져둔다.
3. 냄비에 생수를 붓고 개똥쑥을 우려서 체에 거른다.

장아찌 양념 배합하기

4. 냄비에 개똥쑥 우린 물, 간장, 식초, 설탕, 소금을 배합하여 끓여서 소스를 만든다.

장아찌 조리하기

5. 볼에 삶은 산약을 넣고 소스를 부어 색이 나게 조리한다.

장아찌 담아 완성하기

6. 그릇에 담아 완성한다.

성미귀경

	性(성질)	味(맛)	歸經(귀경)
개똥쑥	寒(차다)	苦, 辛(쓰고 맵다)	肝(간), 膽(담), 腎(신)
산약	平(평하다)	甘(달다)	肺(폐), 脾(비), 腎(신), 胃(위)

 효능 비장을 돕고 폐의 기운을 보하고 신장을 튼튼하게 한다. 특히 개똥쑥은 항암효과가 매우 뛰어날 뿐 아니라 당뇨, 고혈압, 피부미용, 해열, 말라리아 등 다방면으로 효능이 있다.

들깨생강강정

재료

들깨 1컵, **생강** 10g, **바나나** 1개

한과 재료 준비하기

1. 생강을 다져 면포에 짜서 즙을 낸다.
2. 바나나를 곱게 갈아 준비한다.

한과 재료 배합하기

3. 볼에 들깨, 생강즙, 바나나 간 것을 넣고 배합한다.

한과 만들기

4. 건조가능한 용기에 1큰술씩 떠서 올리고 모양을 만들어 편다.

한과 담아 완성하기

5. 건조시켜 완성한다.

성미귀경

	性(성질)	味(맛)	歸經(귀경)
들깨	溫(따뜻하다)	辛(맵다)	肺(폐), 大腸(대장)
생강	溫(따뜻하다)	辛(맵다)	肺(폐), 脾(비), 胃(위)
바나나	寒(차다)	甘(달다)	肺(폐), 胃(위), 大腸(대장)

 효능 폐를 윤택하게 하여 가래를 삭이고 기침을 멈추게 하는 효능이 있으며 장을 윤택하게 하여 변비를 해소한다.

쌍화차

재료

백작약 15g, **당귀·숙지황·황기·대추** 각 6g, **천궁** 5g, **계피** 4g, **감초** 4g, **물** 500ml, **잣** 1작은술, **대추** 2개, **꿀** 약간

음청류 재료 준비하기

1. 재료는 정확하게 계량한다.
2. 대추는 씨를 빼고 돌돌 말아 꽃모양이 되게 썰어서 준비한다.

음청류 조리하기

3. 냄비에 물을 붓고 재료를 모두 넣어 센 불에 팔팔 끓인다.
4. 약불에서 30분 이상 뭉근히 끓여서 체에 걸러 조리한다.

음청류 담아 완성하기

5. 잔에 쌍화차를 담고 꿀을 섞는다.
6. 잣과 대추를 고명으로 띄워 완성한다.

성미귀경

	性(성질)	味(맛)	歸經(귀경)
계피	溫(따뜻하다)	甘, 辛(달고 맵다)	肝(간), 脾(비), 心(심), 腎(신)
감초	平(평하다)	甘(달다)	心(심), 肺(폐), 脾(비), 胃(위)

 효능　사물탕에 황기, 계피, 감초를 추가한 것으로 피로를 회복하여 집중력을 높이고, 과도한 노동으로 인한 체력소모를 보충하며, 면역력을 증진하여 감기나 각종 감염성 통증을 수반하는 전신통에 적합한 치료제이며 원기를 보강할 수 있다.

약선 음청류 조리

수정과

재료

통계피 3~4조각, **생강** 100g, **설탕** 1큰술, **곶감** 2개, **호두** 4개

음청류 재료 준비하기

1. 생강은 깨끗이 씻어 얇고 납작하게 썬다.
2. 통계피는 깨끗이 씻는다.
3. 곶감 안에 손질한 호두를 넣고 단단하게 말아 썰어서 준비한다.

음청류 조리하기

4. 냄비A에 물을 붓고 생강을 넣어 끓인다.
5. 냄비B에 물을 붓고 통계피를 넣어 끓인다.
6. 생강과 통계피의 맛이 충분히 우러나오면 면포를 깐 체에 걸러 합친다.
7. 설탕을 넣어 다시 한 번 끓여 조리한다.

음청류 담아 완성하기

8. 잔에 수정과를 담고 곶감 고명을 얹어 완성한다.

성미귀경

	性(성질)	味(맛)	歸經(귀경)
생강	溫(따뜻하다)	辛(맵다)	肺(폐), 脾(비), 胃(위)
곶감	凉(서늘하다)	甘, 澁(달고 떫다)	肺(폐), 心(심)
호두	溫(따뜻하다)	甘(달다)	肺(폐), 腎(신), 大腸(대장)

효능 위장을 건강하게 하고 장운동을 촉진시켜 소화력을 증진시킨다. 또한 풍부한 비타민 A와 비타민 C가 면역력을 높여주어 감기 예방에 좋다.

참고문헌

변증약선(2013), 양승 외, 백산출판사

약선식품 동의보감, 양승, (주)오쿠-세계중탕약선연구소

약선재료학(2006), 정구점 · 차은정, 도서출판 효일

약선조리 이론과 실무(2015), 황은경

약선조리 이론과 실제(2011), 조정순 외, (주)교문사

현대인의 음식보감(2010), 김미리 · 송효남, (주)교문사

황은경

(현) 한국사찰음식문화연구소 연구소장
(현) 한국사찰음식문화협회 운영위원장
(현) 소상공인지원센터 비법전수가
(현) 문화관광포럼위원
대구한의대학교 한방산업학 석사/이학 박사
경운대학교 경영학 석사/경남대학교 경영학 박사
제1, 2회 대한민국 산채박람회 운영위원장
문경대학교 호텔조리학과 교수

장보랑

대구한의대학교 한방식품학 석사과정
한국사찰문화음식협회 회원
한식조리기능사 외 자격증 다수 보유
한국국제요리경연대회 문화부장관상 수상

생활약선요리

2015년 9월 25일 초판 1쇄 인쇄
2015년 9월 30일 초판 1쇄 발행

지은이 황은경 · 장보랑
펴낸이 진욱상 · 진성원
펴낸곳 백산출판사
교 정 성인숙
본문디자인 오정은
표지디자인 오정은

저자와의
합의하에
인지첩부
생략

등 록 1974년 1월 9일 제1-72호
주 소 경기도 파주시 회동길 370(백산빌딩 3층)
전 화 02-914-1621(代)
팩 스 031-955-9911
이메일 editbsp@naver.com
홈페이지 www.ibaeksan.kr

ISBN 979-11-5763-106-3
값 20,000원

• 파본은 구입하신 서점에서 교환해 드립니다.
• 저작권법에 의해 보호를 받는 저작물이므로 무단전재와 복제를 금합니다.
  이를 위반시 5년 이하의 징역 또는 5천만원 이하의 벌금에 처하거나 이를 병과할 수 있습니다.